U0257425

生态环境部对外合作与交流中心研究成果

大气污染防治技术推广系列丛书

中国大气污染防治
技术推广机制与模式

The Mechanism and Model of Technology Promotion for
Air Pollution Prevention and Control in China

刘兆香 焦 正 杨 琦 焦诗源 著

上海大学出版社

图书在版编目(CIP)数据

中国大气污染防治技术推广机制与模式/刘兆香等著
.—上海：上海大学出版社,2020.5
　(大气污染防治技术推广系列丛书)
　ISBN 978-7-5671-3848-3

Ⅰ.①中… Ⅱ.①刘… Ⅲ.①空气污染-污染防治-
技术推广-研究-中国 Ⅳ.①X51

中国版本图书馆 CIP 数据核字(2020)第 073894 号

责任编辑　王悦生
助理编辑　李　双
封面设计　柯国富
技术编辑　金　鑫　钱宇坤

大气污染防治技术推广系列丛书
中国大气污染防治技术推广机制与模式
刘兆香　焦正　杨琦　焦诗源　著
上海大学出版社出版发行
(上海市上大路 99 号　邮政编码 200444)
(http://www.shupress.cn　发行热线 021-66135112)
出版人　戴骏豪
＊
南京展望文化发展有限公司排版
上海华教印务有限公司印刷　各地新华书店经销
开本 787mm×1092mm　1/16　印张 8.75　字数 181 千
2020 年 5 月第 1 版　2020 年 5 月第 1 次印刷
ISBN 978-7-5671-3848-3/X・6　定价　35.00 元

《中国大气污染防治技术推广机制与模式》

编写委员会

专家指导组：周国梅　翟桂英

编　　委：唐艳冬　张晓岚　崔永丽　于之的

刘兆香　焦　正　杨　琦　焦诗源

王　京　李重阳　王树堂　肖　亮

吴克食　高　松　李珊珊　刘　婷

袁　鹰　马雅静　王玉娟　王　琴

孔　德　邓琳华　刘雨青　李奕杰

李宣瑾　李浩源　陈艳青　林　臻

周七月　赵敬敏　费伟良　袁　钰

徐宜雪　奚　旺　高丽莉　常　维

董　鑫　张泽怡　郭天琴　车　祥

序

　　党的十八大以来，以习近平同志为核心的党中央站在坚持和发展中国特色社会主义、实现中华民族伟大复兴中国梦的战略高度，把生态文明建设和生态环境保护摆在治国理政的重要位置。2018年5月，全国生态环境保护大会胜利召开，大会正式确立习近平生态文明思想，为加强生态环境保护、建设美丽中国提供了方向指引和行动指南；6月，中共中央、国务院印发《关于全面加强生态环境保护　坚决打好污染防治攻坚战的意见》，进一步明确了打好污染防治攻坚战的时间表、路线图、任务书，生态环境部总结出打好污染防治的七大标志性战役：打赢蓝天保卫战、打好柴油货车污染治理、城市黑臭水体治理、渤海综合治理、长江保护修复、水源地保护、农业农村污染治理；全国生态环境保护大会上，习近平总书记还强调要把解决突出生态环境问题作为民生优先领域。坚决打赢蓝天保卫战是重中之重，要以空气质量明显改善为刚性要求，强化联防联控，基本消除重污染天气，还老百姓蓝天白云、繁星闪烁。可见，大气污染防治任务紧迫、艰巨，市场对先进、适用的大气污染防治技术提出了迫切的需求，环保产业进入前所未有的发展高潮。

　　环保产业是一个跨产业、跨领域、跨地域，与其他经济部门相互交叉、相互渗透的综合性新兴产业。环保产业的发展离不开政策引导和技术推广机制构建。技术推广机制主要包括政策、模型、平台、模式等，形成以模型分析为基础、政策为导向、技术推广平台为依托、商业化模式为载体的大气污染防治技术推广体系。大气污染防治技术更好的推广应用有助于推动大气质量改善，推动传统产业提标、改造、升级，同时使环保产业进一步成为国民经济的重要组成部分甚至支柱产业，服务我国环境质量改善，助力绿色"一带一路"建设。

　　为贯彻落实党中央《关于加快推进生态文明建设的意见》、国务院《大气污染防治行动计划》等相关部署，科技部会同生态环境部等部门，制定了国家重点研发计划"大气污染成因与控制技术研究"重点科技专项,为大气污染防治和发展节能环保产业提供科技支撑。"大气污染防治技术推广系列丛书"系该专项项目成果,集成了该项目技术人员多年的研究成果和丰富积累,是国内首套系统阐述大气污染防治技术推广的丛书。

该丛书正契合我国当前环境管理和大气污染防治工作的需要,对指导我国环保技术推广、服务环境质量改善有着十分重要的现实意义。该丛书集合了大气污染防治技术推广政策、模型、平台、国内外典型模式及案例,并提出了环保技术推广三大主要模式——政府型、平台组织型、企业型和技术推广体系架构,旨在为国内和"一带一路"共建国家环境质量改善提供科技参考。该丛书的主要作者都是从事环保政策研究、技术推广工作的专家、学者,他们不论是在研究成果还是实践经验方面都有丰富的专业积累。相信该丛书的出版对从事环境管理、环保技术推广等工作和研究的读者有很强的吸引力和重要的参考价值。

2019 年 9 月

前　言

2013年国务院发布《大气污染防治行动计划》(简称"大气十条"),2018年国务院印发《打赢蓝天保卫战三年行动计划》,对我国大气污染治理工作提出了非常具体和明确的目标。随之,大气污染防治产业和技术蓬勃发展。"十一五"期间,中国大气污染治理重点发展脱硫领域。"十二五"期间,中国大气污染治理的重心转向脱硝领域。"十三五"期间,中国大气污染治理的重心为汽车尾气污染防治、推进地方燃煤热电联产综合改造、挥发性有机物(Volatile Organic Compounds,VOCs)、非电行业脱硫脱硝等工作。因此,在除尘、脱硫、脱硝三大大气污染防治领域上技术发展已经相当成熟,尤其火电行业烟气治理、垃圾焚烧尾气处理、煤炭清洁行业、冶金行业超净排放、环境监测和VOCs综合整治已经形成成熟的产业链,基本能够符合市场需求。这些技术的合理有效推广,将极大程度地改善环境质量和人们的生活环境,同时推动社会经济的发展及全球领域大气环境的改善。

为推进科技成果转化、技术推广,我国从国家层面、地方层面以及企业都做了大量的努力,出台了《中华人民共和国促进科技成果转化法》《科技进步法》《国家环境保护最佳实用技术推广管理办法》《国家重点环境保护实用技术推广管理办法》等法律法规,相关工作取得了一定的进展,但是在技术推广机制、模式、平台等领域仍然有很大的发展空间。因此,本书以大气污染防治技术推广为目标,对国内外大气污染防治技术推广现状和政策进行梳理和分析,在此基础上构建了一套适应中国现状的大气污染防治技术推广压力-状态-响应(Pressure-State-Response,PSR)模型分析系统,开发了一套大气污染防治技术推广平台,以汇聚资源,实现线上技术推广,推动大气环保技术供需对接和应用,并提出了技术推广的主要模式和推广策略。同时根据理论研究实地开展了技术推广示范,并总结经验和不足,提出了大气污染防治技术推广政策建议。

由于篇幅有限,编写人员难以包括所有参与编写及支持科研管理的技术人员,在此,我们向所有参与本书编写、资料整理及给予帮助和指导的专家、学者们表示衷心的感谢。

由于时间仓促,编写过程中难免有疏漏和不足之处,敬请各位专家和读者批评指正。

2019 年 10 月

目 录

第1章

大气污染防治技术推广概述

1.1 技术推广简介

技术推广包括两部分：一是技术，世界知识产权组织在 1977 年版的《供发展中国家使用的许可证贸易手册》中将技术定义如下："技术是制造一种产品的系统知识，所采用的一种工艺或提供的一项服务，不论这种知识是否反映在一项发明、一项外形设计、一项实用新型或者一种植物新品种，或者反映在技术情报或技能中，或者反映在专家为设计、安装、开办或维修一个工厂或为管理一个工商业企业或其活动而提供的服务或协助等方面。"简单地说就是，凡能带来经济效益的科学知识都是技术。根据生产行业的不同，技术可分为农业技术、工业技术、通信技术、环保技术等。二是推广，即推而广之、推衍扩大，扩大施行或作用范围。如《新唐书·李峤传》："禁网上疏，法象宜简……今所察按，准汉六条而推广之，则无不包矣，乌在多张事目也?"苏轼《密州谢上表》："推广中和之政，抚绥疲瘵之民。""科技成果要转化为直接生产力，必需抓紧成果推广这个环节。"(《人民日报》，1981年1月5日)可见，自古以来人们就十分重视"推广"工作，简单来说推广就是为了扩大影响和使用范围而进行的活动。

技术推广是把科研成果迅速转化为生产力的重要措施，是依靠科学技术促进生产发展、繁荣经济的重要环节，是科技产业化的助推力。科学技术研究成果的产业化，特别是高科技成果的产业化，不仅是中国当前亟须解决的主要问题，也是当前世界各国（包括发达国家）探索的热点问题。由于当前高科技的迅猛发展，工业企业对高科技成果的实施相对处于落后状态。而高科技产业化的任务不仅在于研究与开发，更要致力于促使工业企业将高科技成果应用于生产，实现技术推广，发挥更大的经济效益。

1.1.1 国际技术转移概念简介

技术转移的概念最初是在 1964 年第一届联合国贸易发展会议上作为解决南北问题

的一个重要策略提出的,其将国家或地区之间的技术输入和输出统称为技术转移。国际技术转移就是指在不同国家或地区间开展的技术移动的行为,是技术在技术领域之间或地理地域之间的流动和渗透,是一种重要的技术开发手段,也是一种跨越国界的转移,它包括技术输入和输出两部分。技术在国与国之间的流通,其转移方式是多种多样的,有的是单项技术输出,有的是合作研制,有的是互通科技情报,等等。

国际技术转移由技术转移主体(技术供方和技术需方)、技术转移客体(技术)、技术转移行为三个要素组成(图1-1)。

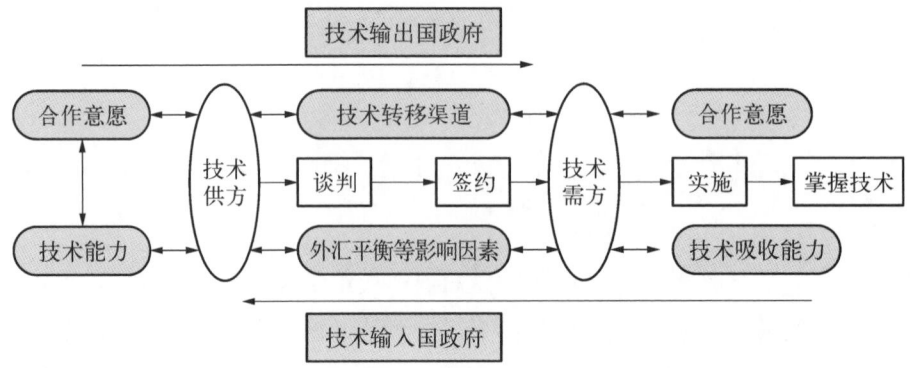

图1-1　国际技术转移的简单流程及主要影响因素示意图

当前国际上已有从事国际技术转移的专业机构,如北美大学技术经理人协会(Association of University Technology Managers,AUTM)、英国普雷塞斯技术转移中心(PraxisUnico)、澳大利亚知识商品化协会(Knowledge Commoditization Association,KCA)等,中国知名的国际技术转移专业机构国际技术转移协作网络(International Technology Transfer Network,ITTN)等。

1.1.2　中国技术推广概念简介

在我国,技术推广在各行各业都起到了重要作用,推动着各行业的技术应用和产业化,然而环保技术推广的概念尚未确立。

技术推广是指与研发活动相关并有助于科学技术知识的产生、传播和应用的活动,具体包括:

(1) 提供可行性报告、技术方案及进行技术论证等技术咨询和信息服务工作;

(2) 为扩大科技成果的适用范围而进行的示范推广工作,包括对社会和公众的科学普及;

(3) 技术的测试、标准化、质量控制和专利服务等。

新技术推广是扩大经过检验和科学鉴定的、合理的新技术成果应用范围的活动。新技术的应用与推广,是把科研成果快速转化为生产力的重要措施,是依靠科学技术促进生产力发展、繁荣经济的重要环节。中国《农业技术推广法》中将农业技术推广定义为：农业技术推广是指通过试验、示范、培训、指导以及咨询服务等，把应用于种植业、林业、畜牧业、渔业的科技成果和实用技术普及应用于农业生产的产前、产中、产后全过程的活动。

新技术推广的主要途径有：

（1）编制新技术应用与推广计划，作为国民经济发展和企业发展计划的组成部分，并从人力、物力、财力上给予保证；

（2）开展技术转让（包括有偿转让和无偿转让）与技术咨询；

（3）进行技术交流；

（4）通过科技情报和宣传报道推广新技术；

（5）建立科研生产联合体等。

1.2　大气污染防治技术推广

根据以上技术推广的概念以及环保产业特点，本书提出环保技术推广的概念为：通过筛选、宣传、对接、转移、示范、指导以及咨询服务等，把应用于环境污染防治的科技成果和实用技术普及应用于环境污染企业生产的产前、产中、产后全过程的活动，分为中国技术推广和国际技术转移两种。环保技术推广既是对环保技术的传输和对污染企业非正式教育的过程，也是对环保科技创新、开发、服务的过程，能有效促进环保技术的发展和应用。

大气污染防治技术推广是环保技术推广的一种，但需要考虑大气污染防治的特点：一是区域性，因此大气污染防治技术推广需要考虑区域特点，因地施策；二是传播性，大气污染传播性较强，能够从一个区域传输到另一个区域，甚至跨越多个区域或国家，因此大气污染防治技术推广要考虑根据其传播路径如何有助于推广，对推广有什么影响；三是区域协作性，既然大气污染能够传播，那就存在跨越不同管辖区的时候，需要区域协作，因此大气污染防治技术推广需要考虑不同管辖区的政策差异和衔接性等。大气污染防治技术推广不同于土壤、水等污染防治技术推广，故大气污染防治技术推广概念界定为结合大气污染防治特点的、大气领域的环保技术推广。

1.2.1　大气污染防治技术推广内容

大气污染防治技术推广包含的主要内容为：

（1）确定目标。确定大气污染防治的技术推广目标，确定当前急需的技术是哪些，是控制哪些污染物的技术，需要什么技术指标，根据以上信息确定目标技术。

（2）筛选技术。根据需求技术进行技术征集、筛选，开展技术咨询，进行技术交流，包括现场调研、案例调研等，确定最终要推广的技术。

（3）宣传推广。将筛选出的技术进行品牌包装，编制新技术应用与推广计划，根据计划通过媒体、平台等渠道进行宣传推广，并配备人力、物力、财力等。

（4）对接应用。供需双方进行技术对接，对推广成功的技术开展技术转让（包括有偿转让和无偿转让），实施技术应用。

（5）有效运行。对成功应用的技术进行指导和售后服务，保障技术有效运行。

（6）反馈完善。根据技术运行情况，进行反馈，进一步完善技术或加大推广。

可将以上大气污染防治技术推广的主要内容简化概括为基本路径，如图 1-2 所示。

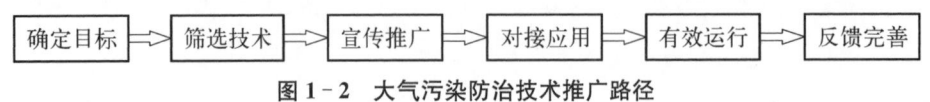

确定目标 ➡ 筛选技术 ➡ 宣传推广 ➡ 对接应用 ➡ 有效运行 ➡ 反馈完善

图 1-2　大气污染防治技术推广路径

1.2.2　大气污染防治技术推广阶段

通过大量技术推广的文献与实证研究发现，技术扩散大致符合 S 曲线（图 1-3），即新技术在整个生命周期的扩散情况，在开始阶段扩散比较缓慢，受关注度不高，经过一段时间的积累后开始进入快速推广期，随后扩散速度逐渐下降，占有一定的市场，但随着更先进适用技术的涌入，该技术竞争力相对较低，将可能被淘汰或需要进行技术提升改造。

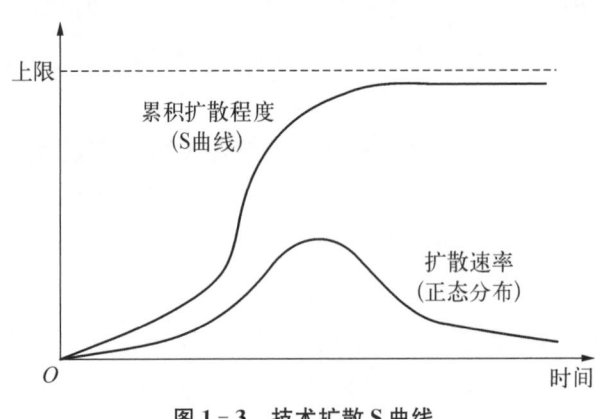

图 1-3　技术扩散 S 曲线

中国大气污染防治技术推广也基本符合 S 曲线，分为四个阶段：成长期、推广期、成熟期和衰退期。在推广过程中需要重点考虑技术所处的阶段，按照不同阶段，采取对应措施。在技术成长期，需要挖掘潜在需求，进行大力宣传，进行同质化推广，比如参加一些大气技术推广会、展览，参与一些技术示范项目，包装技术示范案例；技术推广期，这也是技术推广的关键时期，当技术达到一定影响力，同时考虑现有政策的驱动，比如蓝天保卫战、新的大气标准出台、新的目标收官时期等，相应的技术就要加大推广力度，根据不同的用户，进行筛选和深入跟踪，开展个性化推广，进行最迅速且最大力度的技术推广，最大限度地占有市场，具体方式包括培训、非正式互动、使用者蝴蝶效应式宣传等；在技术成熟期，技术有了相应的市场,也应用得很好,比如很多技术具有区域性,类似垄断一样,这个区域的污染企业全部采用某个环保技术企业的大气污染防治技术,或者已经应用了某个技术的污染企业,对该项技术比较满意,在扩建的时候还是会用该技术,那么就需要对该技术做好售后服务,探索自己的区域或应用企业的动向,不断进行提升和改造使技术符合已占有的市场,并考虑探索新的技术需求;在技术衰退期,当某个污染企业在执行新的标准、进行改革等情况时,现有技术不能满足需求,技术就进入了衰退期,这个时候就需要立即响应进行技术改造升级,以延迟其使用期限。具体简化为图 1-4。

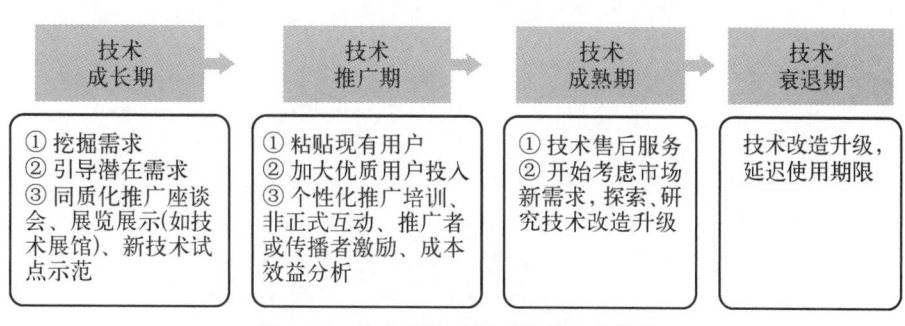

图 1-4 技术所处时期采取的相应措施

1.2.3 大气污染防治技术推广模式

大气污染防治技术推广模式是指在技术推广过程中充分考虑了推广主体、策略、渠道和效果等因素形成的模式。该模式包括了技术推广中涉及的技术供需方、推广中间服务、推广经费、推广内容和形式以及政策的影响和市场需求等,即对技术供应方和需求方的链接模式,可以简化为如图 1-5 所示模式。技术供需双方在政策驱动和市场需求的引导下,通过政府、推广平台等中间服务媒介,综合考虑技术供应方的推广意向、技术能力以及技术需求方的接受意向、技术吸收能力,完成大气污染防治技术的推广。

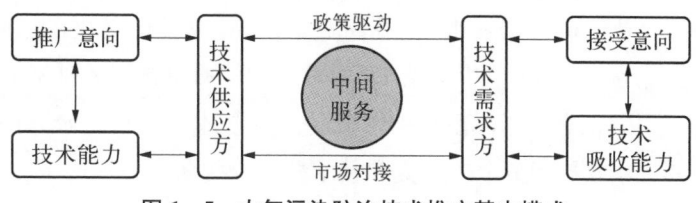

图 1-5 大气污染防治技术推广基本模式

1.3 大气污染防治技术推广机制

"机制"一词最早源于希腊文,指机器的构造和工作原理。后来,把机制的本义引申到不同的领域,就产生了不同的机制。如引申到生物领域,就产生了生物机制;引申到社会领域,就产生了社会机制;引申到经济领域,就产生了经济机制,表示一定经济机体内,各构成要素之间相互联系和作用的关系及其功能。

本书将机制引申到大气领域,形成大气污染防治技术推广机制。大气污染防治技术推广是技术从创新到应用的全过程,整个过程涉及政府、科研部门及研究人员、企业、金融机构、行业组织与平台等相关方,具体见图1-6。因此,本书定义大气污染防治技术推广机制是指大气污染防治技术推广相关方及其之间的相互联系和作用关系及功能。具体包含法规、政策、行业组织、平台、技术供需方等内容。

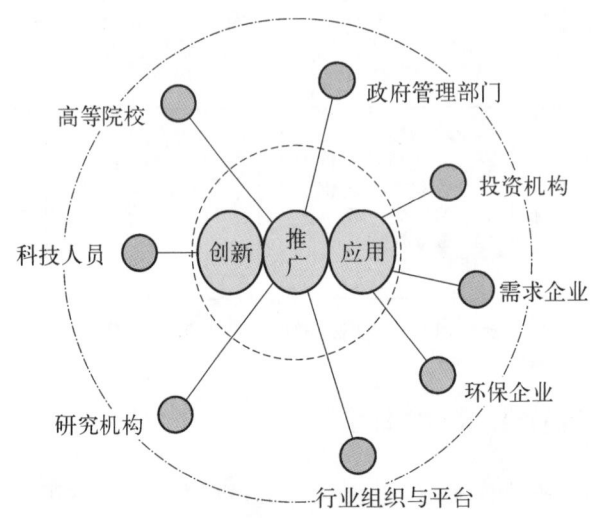

图1-6 大气污染防治技术推广的相关方

中国大气污染防治技术推广机制具有多种类型,主要包括以下几种:一是以政府为基础的政策引导和宏观调控,主要体现为技术目录,主要以引导为主;二是基于信息集聚的技术推广服务平台或技术中介服务机构,以技术市场为目标,集聚先进环保技术,采用"线上+线下"形式,线上开展技术展示、检索、交流与对接,线下开展技术推介会、博览会等,帮助技术持有企业分析市场需求、挖掘商业价值、寻找对接企业,主要以技术对接为主;三是以技术企业为主的商业推广机制;四是企业自主投资或引入外资支持开展技术集成或创新和推广应用,挖掘需求,笼络用户,扶持优秀技术进行推广,即针对某企业治理,选定合适技术,其工程收益归资金投入方和技术持有方共享。

1.4 本章小结

本章阐述了国内外技术推广相关定义和内容,并据此类推,定义了大气污染防治技术推广概念和内容,定义和界定了大气污染防治技术推广阶段、推广模式和推广机制,为大气污染防治技术推广相关研究奠定了理论基础。

第2章

国内外大气污染防治技术推广情况

环保产业是伴随着经济发展和环境保护需求而逐步发展起来的,不仅能够改善环境质量和人们的生活环境,同时可以推动国民经济的发展。发达国家的环保产业随着工业革命的进程,经过30多年的快速发展,形成了较为成熟的产业体系。中国大气污染防治领域主要技术有:除尘技术、烟气脱硫技术、中低温脱硝技术、VOCs(Volatitle Organic Compounds)治理等技术,而且这些技术也相当成熟,基本能够满足市场需求。

基于环保产业和技术,国外大气污染防治技术推广取得了一定进展,进行了相关实践,探索出了一些好的推广机制和模式,值得借鉴。中国大气污染防治技术推广也进行了相关探索,但还存在较多问题,应结合中国实际情况,总结问题,借鉴国际经验,进而推动中国大气污染防治技术推广和应用。

2.1 国外大气污染防治技术推广现状

2.1.1 美国

20世纪中叶,震惊世界的美国多诺拉烟雾事件和洛杉矶光化学烟雾事件的发生,促使美国加快了大气污染治理的进程。1970年美国国家环境保护局(U.S. Environmental Protection Agency, USEPA)成立之后,陆续颁布及重点修订了《区域霾条例》《清洁空气法》《跨洲空气污染条例》等政策法规,利用区域性大气污染治理机制对大气污染物进行减排控制。1963年颁布的《清洁空气法》历经1970年及1990年两次重点修订,在近40年中对美国大气污染起到了极为关键的管控作用。与此同时,美国环保产业也飞速发展。20世纪末起,美国的加利福尼亚、德克萨斯、纽约、宾夕法尼亚等地区,已拥有实力较强的环保产业。

目前,美国的环保产业一方面致力于在巩固环保设备的世界领先地位的同时,创造更多的出口产值;另一方面积极地向污染防治领域发展,将发展重点转移到臭氧层保护、海洋环境保护、物种保护等方向。其环保产业发展已趋于成熟,环保产业整体市场规模已接近 1 500 亿英镑,加利福尼亚、宾夕法尼亚、德克萨斯等州的环保产业产值在生产总值中均名列前茅。图 2-1 为 2010 年至 2015 年美国环保产业市场规模的增长数量。

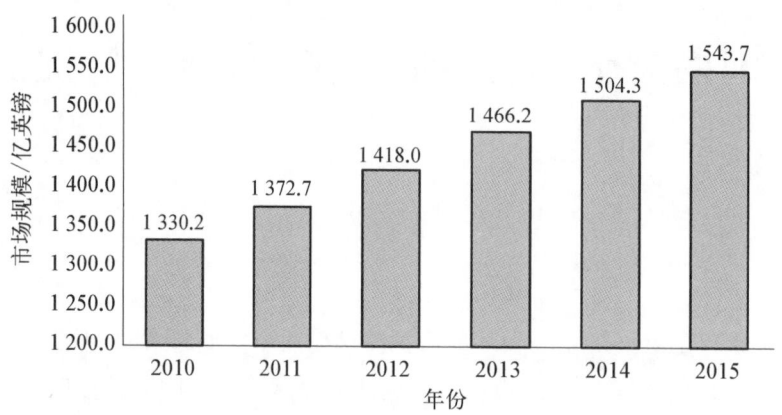

图 2-1　美国环保产业市场规模

数据来源：Low Carbon Environmental Goodsand Services (LCEGS) Report

根据 EBI 公司(Environmental Business International, Inc.)研究数据显示,美国拥有世界上最大的环境保护市场,占全球环保市场总额 1.2 万亿美元的近三分之一。2016 年美国环保产业收入为 3 637 亿美元,占全球总量的 32%,占 2016 年美国国内生产总值(GDP)的近 3%。2017 年收入为 3 880 亿美元,年增长率为 4.8%。大约有 114 000 家企业和 160 万工作人员共同参与美国环境技术产业的建设。

2018 年,美国环境市场总额约为 3 420 亿美元,其中约 54% 来自服务业,21% 来自设备领域,25% 来自资源领域。环境服务行业不仅在美国市场中占有最大比重,在全球环境市场中也占据最大的比重,其原因在于政府强而有效的立法执法力度推动了对环境服务业的需求,同时服务业投资主体由单一政府投资扩展为政府与私人投资相结合。环境服务业主要涉及水处理工程与公共设施建造服务、环境分析与测试服务、环境咨询与设计服务、资源修复服务以及固体废物与危险废物管理。美国在环保设备领域拥有世界领先且稳固的地位,尤其是水处理和大气污染防控设备领域。其环境设备主要涉及水处理设备与化学药剂、大气污染防控设备、仪表与信息系统、废物管理设备以及污染防治技术与设备。另外,美国具有庞大的再生资源产业体系,其环境资源产业可分为：清洁能源出售、资源回收及水资源使用。目前中国环保产业以环保设备制造领域以及环保资源领域为主,占整个环保产业产值约 75%。其中,资源综合利用行业产值占整个行业产值将近 50%,而环保服务则是中国环保产业结构中需要进行发展和完善的行业领域。

根据美国国家环境保护局的研究,1970～1990 年间,美国在大气污染防治领域的投入约为 5 230 亿美元,带来的收益约为 22.2 万亿美元;1990～2010 年间,该领域收益约为 6 900 亿美元,而投入仅为收益的四分之一,约为 1 800 亿美元(The Main Street Alliance,2010)。国际清洁空气联盟数据显示,2015 年大气污染防治产业的收益达到 201 亿美元,涵盖大气环保仪器设备以及相应环保服务领域。2016 年美国固定式空气排放控制市场收益为 160 亿美元。此外,为贯彻《清洁空气法》1990 年修订版精神,至 2020 年,CAAA(Clean Air Act Amendments)方案所管控涉及的大气污染领域,将迎来每年 650 亿美元的产业投入,拥有将近 2 万亿美元的产业收益。CAAA 方案中规定的大气污染物治理范围广泛,但着重于细颗粒物与臭氧治理。在全球大气污染防治设备领域,预计北美市场空间将从 2016 年 40 亿美元增长至 2021 年的近 58 亿美元,复合增长率为 7.6%。根据《全球及中国 VOCs 治理市场调研报告》显示,2015 年 VOCs 治理全球市场规模约为 35 亿～39 亿美元,其中美国市场规模约为 6 亿～7.3 亿美元,占据全球市场规模 17%～19%。中国 VOCs 治理虽处于发展阶段,但是具有广大的治理市场,仅在 2015 年市场规模已占据全球市场规模 37%～42%。

美国环保产业自诞生后,依次经历了末端污染控制、洁净技术研发、绿色产品生产和应用以及环境服务业崛起的发展过程,并最终形成了以环保产品、环保服务和环境资源为主的三类产业。从企业结构来看,美国主要有两种环保企业形式:一是历史上存在的公共设施基础企业,如提供饮用水、废水处理和废弃物管理的市政当局企业;二是随着环保法规的制定和实施而迅速崛起的其他公共实体及开展咨询等服务的私人企业,主要从事污染控制、污染补救等业务。伴随着环保产业的发展,美国整体环境已得到改善、没有恶化趋势,并开始实施环保产业走出去战略,现拥有全世界最大的环保市场,近年每年的市场规模增长速度都在 5%左右,占全球新增环保市场份额的一半。大规模的技术输出主要得益于美国规模化的产业经营模式,有效地降低了生产成本。美国国家环境保护局负责筛选重点出口对象,对象国主要有墨西哥、中国、印度等,并且将出口集中于美国具有竞争优势的业务领域。

美国环保产业能够高速蓬勃发展并在全球处于领先地位,得益于高效力的环保产业政策与相应激励措施。环保技术研发推广以及商业化是美国环保产业一直以来的核心发展方向。自 20 世纪 80 年代以来,为促进科研机构及企业进行高效的环保技术研发及转化,美国政府制定并颁布了一系列政策法规,如 1980 年颁布《史蒂文森-怀德勒技术创新法》,首次将推进技术转移转化列为国家科研机构的法定义务;1980 年颁布《拜杜法案》,鼓励企业积极参与政府提供资金补助的研发项目并可对政府资助补贴的研发技术申请专利;1986 年颁布《联邦政府技术转移法》,规定可将国家实验室研发的成果专利授权或者转让给企业进一步进行商业开发。1990 年后,在《联邦政府技术转移法》的基础上,为完善技术转让相关政策,美国陆续制定《国家竞争力技术转让法》《国家技术转让与促进法》《技术转移商业化法》《走向全球——美国创新的新政策》等。

政府颁布的政策法规对技术转移推广的各项流程进行了规定,例如明确科研成果的专利、商标和知识产权归属,为技术转移推广的流程建立提供了坚实的政策保障。政府资助项目知识产权以及技术合作的限制均被放宽,大大提高了技术成果市场中的技术交流及转移效率,尤其加强了中小企业间的技术合作,为技术推广行业拓建了更宽广便利的空间。2013年,美国政府签署了《加速联邦研究成果技术转移和商业化,为企业高增长提供支持》文件。文件要求政府相关部门采取有效措施促进技术推广转移幅度,加速科研技术的产业化和市场化。

美国同时制定了环保科技信息服务类政策,要求政府相关信息机构如美国国家技术信息服务中心(National Technical Information Service,NTIS)及科研机构及时向企业和社会推介最新科研成果,加速科研技术的推广转化以及产业化。

在环保技术国际合作方面,美国积极开展国际间技术合作转移,对出口技术的内容以及层级进行严格的规定。

美国环保技术发展较早,拥有先进的科研能力和高效的环保支持政策,这使得美国在世界环保技术市场上长期处于领先地位,同时也是美国对外出口的优势产业之一。2015年,全球环境技术产品和服务市场达到1.05万亿美元,美国环境技术市场约占全球市场的三分之一。2016年,美国环境技术产业市场达到3 297亿美元,包括716亿美元产值的环保技术产品制造业以及2 581亿美元收益的环保技术服务业,领域主要涉及水处理、土壤修复、固废处置与资源化、大气污染防控和环境监测等方面(图2-2)。

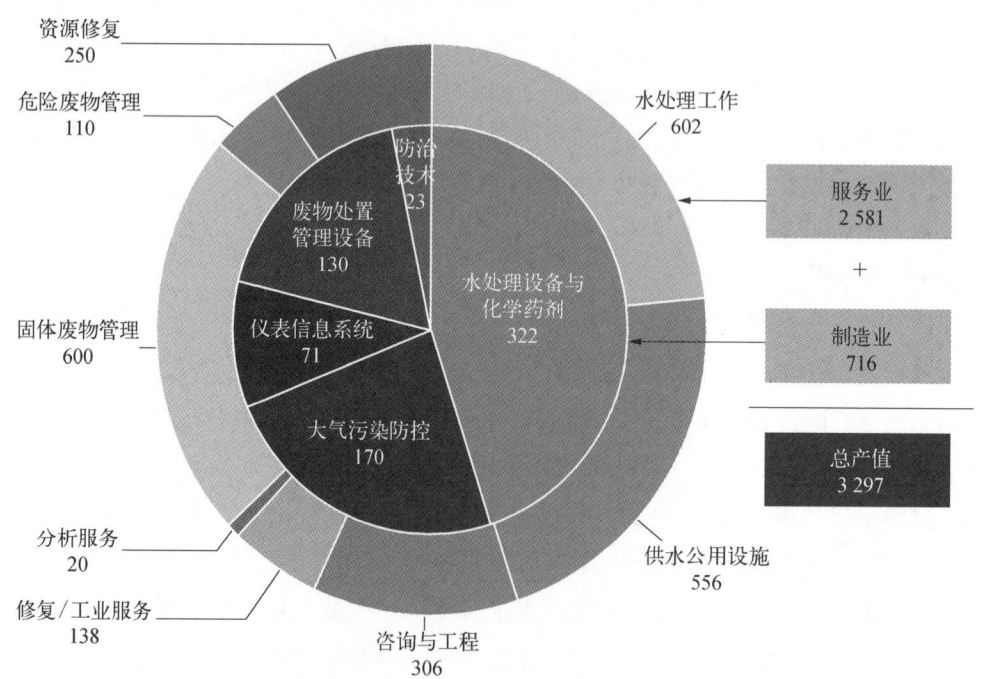

图2-2 2016年美国环保技术行业收入分布图(单位:亿美元)

资料来源:根据EBI的IT分析整理

水处理领域包括水处理设备、化学制品的研制及水处理工程服务以 1 480 亿美元产值在环保技术行业中占据将近 50％的比重。固废处置资源化管控和设备制造、危废处置管控和设备制造以及空气污染监测和控制设备制造是继水处理行业产值较高的领域。环保技术咨询和工程服务以 306 亿美元的产值占据整个环保技术行业约 9％。

由于美国具有领先的环保技术研发能力,环保技术推广服务企业在近年来呈现逐渐增多的趋势,其不仅致力于在美国本土促进科研成果产业化,同时专注于进行世界范围内的环保技术推广。2015 年,美国出口环保技术商品及服务达 478 亿美元。

2.1.2　欧盟

欧盟环保产业起步早、发展快。欧盟为履行应对气候变化的"3 个 20％"的承诺,即到 2020 年温室气体排放要在 1990 年的基础上减少 20％,能效要提高 20％,可再生能源的比重要提高 20％,将节能环保产业纳入国家战略层面进行大力推进。2013 年,在该组织的大力投资支持下,欧盟主要国家德国、法国、英国、意大利环保产业市场规模已超过 1 000 亿英镑(图 2 - 3)。

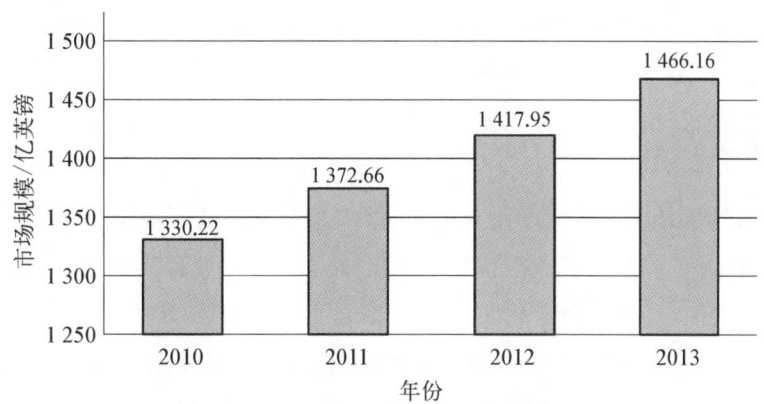

图 2 - 3　欧盟主要国家环保产业市场规模

数据来源：Low Carbon Environmental Goodsand Services (LCEGS) Report

目前欧盟已形成了完整的环保产业链,主要由废水处理、空气污染控制和废物管理三部分构成。这三个行业占环保行业总产值的 90％以上,欧盟 15 个成员国的环保企业数量为 2 万～3 万家,其中德国环保产业进出口贸易额最大。根据德国联邦环保部信息,仅可再生能源行业创造的就业岗位 2008 年为 28 万个,预计到 2020 年可攀升至 31 万个左右,到 2030 年环保产业产值将达到 1 万亿欧元,届时将超过机械、汽车等行业成为德国第一大产业。法国、英国和意大利等国家在欧盟环保产业的市场占比紧随其后,均超过10％。环保产业作为新的"经济增长点"和"就业发动机"的作用日渐突出。欧盟成员国的环保企业规模不大且主要业务内容较分散,环保产业以及优势环保产业情况见表 2 - 1。

表 2-1 欧盟主要国家环保产业以及优势环保产业

主要国家	优 势 领 域	具 体 项 目
英 国	汽车和交通领域的清洁技术、空气及水污染处理、环境监测及工程服务、生物质能、垃圾处理	零排放电力有轨城市交通系统、气体洗涤器、焚烧炉以及整套的空气污染控制设备、环境事故应急处理服务
法 国	水质管理、污水处理	
德 国	废料循环经济、垃圾处理	脱硫除尘设备、废气三元催化净化装置(汽车)
荷 兰	环保设备	

资料来源:根据 2005~2006 年中国环保行业分析与投资咨询报告、新浪网新闻、中国环保产业协会网站整理

如表 2-1 所示,德国在废料循环经济、垃圾处理等行业具有一定的优势。法国在水质管理、污水处理等方面拥有跨国大企业,并具有较强的实力。荷兰的环保产业优势主要体现在发达的环保市场和先进的环保设备。意大利环保市场较小,在国际市场上所占的份额也十分有限,用于出口的环保产品总值也较小。英国环保产业的主要业务在清洁技术方面。英国 85%的环境法规来自欧盟总部布鲁塞尔,英国脱欧后环保产业发展将面临诸多的不确定性。

2.1.3 韩国

根据韩国《环境技术与环境产业支援法》第六条及该法施行令第十七条,通过促进拥有优秀环境技术的中小环境企业的技术商业化(技术成果转化),实现稳定、有效的市场进入战略:① 基础构筑,技术商业化阶段性跨越时的短板克服,量身定做的诊断及成长指导(咨询)支持;② 开发促进,改善试制产品制造工艺,性能评价,试用验证,宣传营销等技术商业化所需资金的支持;③ 加强(吸引投资)教育、咨询等招商引资力度,支援投资说明会举办、海外路演等,吸引国内外民间投资,发掘投资者。

在环境技术成果转化体系中的运行机构,韩国的建设模式较为成熟和完善,主要运行机构见表 2-2。

表 2-2 韩国环境技术成果转化体系的主要运行机构

运行机构	机 构 职 能
专门负责机构	"专门机构"是指受环境部长官委托,负责运营和管理事业的机构,即 Korea Environmental Industy Technology Institute (KEITI)。"专职机构"是支持中小环境企业商业化援助项目有效运作和管理的机构。
援助咨询机构	如项目计划书编制,签约,项目执行及管理,援助企业费用缴纳,项目中期及最终报告审查,项目费用使用计划、执行及监管等。

续表

运行机构	机　构　职　能
评价机构	咨询机构和受援助企业的选定评估和咨询搭配,对支助课题的选定和最后评估,对支助课题的工作计划和项目费用的调整及审议,审查设备引进是否适当,对受援助企业进行进度管理等现场调查。
协调机构	选定评估、进度审查和最终评估的异议,由于项目违规而对制裁措施提出异议,与受援助企业和咨询机构的争端有关的事项,与政府援助款项追回、管理和追回数额调整有关的事项。
评价	完备精简、权责清晰、有序高效。

环境技术成果转化支持体系的项目规划、公示、申请及限制如表 2-3 所示。

表 2-3　韩国环境技术成果转化体系的项目规则框架

规划	持续进行行业相关机构的需求调查,以及规划并完善中长期环境技术及产业推进路线,挖掘项目领域和资助内容等。
公示	为选定受援助企业及咨询机构及保证援助的公开透明及参与的广泛度,专门机构负责人应将包括关键信息及事项在内的商业计划公示 30 天以上。
申请	除对希望受援助环境企业的申请材料及提交形式作出严格规定外,对申请者的资格条件即环境产业的经营领域和中小企业规模也做出了严格限定。
限制	专门机构负责人拥有权限对出现问题的申请机构如申请援助企业出现破产清算、欠税、债务违约、停止经营、违法违规等情况,进行相应年度项目参与限制。

2.1.4　丹麦

自 20 世纪 70 年代以来,丹麦是第一个采取行动对抗空气污染的国家,并将来自工业和能源生产的空气污染源降到了最低值。二氧化硫的排放从 1970 年的 60 万吨减少到 2014 年的 1.3 万吨。二噁英的排放量降低了 70%,燃料中已经停止使用消耗臭氧层的物质。丹麦的空气污染治理成效主要来自以下几个方面:一是丹麦的环境法规,它是减少碳排放和提高空气质量的关键驱动力;二是技术推广;三是来自工业和农业的倡议;四是丹麦合作模式;五是本地非政府组织的影响力;六是各部门和机构之间的合作。

丹麦环保行业涵盖的领域:可持续能源、水资源管理、智能宜居城市和循环经济。

2014 年,环保行业产值占丹麦总 GDP(Gross Domestic Product,GDP)的 3.1%,总产值为 1 740 亿丹麦克朗。出口的绿色技术和服务为 720 亿丹麦克朗,占丹麦总出口额的 6.9%。环保产业从业人员为 5.9 万人,占就业总人数的 2.7%。其中三分之二从业人员的工作是生产以节能为目标的绿色产品,三分之一为研发人员。总体而言,"绿色"企业与"非绿色"企业相比,在研发方面表现得更加活跃。因此,丹麦 77% 的"绿色"企业被归类为创新型企业。预计到 2035 年,全球对绿色能源技术的需求将为丹麦绿色产业创造 9.5 万个就业岗位,总增长潜力为 2 710 亿丹麦克朗。

丹麦环保技术项目管理多采用 PPP(Public-Private Partnership)模式,即政府、企业、非营利机构、科研机构等多方共同参与,由一个机构或协会进行协调,为利益攸关方搭建伙伴关系,建立沟通与合作,利益共享,风险共担。

表 2-4 列举了几个主要平台。

表 2-4　主要平台及其性质、涉及领域

名　称	性　质	涉及领域
绿色国度(State of Green)	公私合营、非营利机构	水、能源、城市 循环经济及其他可持续领域
丹麦风能协会 (Danish Wind Industry Association)	行业协会	风能
CLEAN	机构	清洁技术
Gate 21	非营利机构	气候与城市
丹麦水资源论坛 (Danish Water Forum)	行业协会	水资源
丹麦能源署 (Danish Energy Agency)	公共机构	能源

政治目标为新技术的发展奠定了坚实的基础,也为行业的发展指明了方向。未来的目标是发展新能源,增加风电在可持续能源中的比重,研发储能技术。丹麦技术推广行业整体发展也有着政治政策的支撑,即到 2030 年 55% 的能源来源为清洁能源,电力系统实现 100% 使用清洁电力;2050 年完全摆脱对化石燃料的依赖。

2.1.5　日本

日本在经历了由于经济发展导致环境质量日益恶化的多起公害事件后,开始逐渐认识到环境保护的重要性,逐步加强环境保护产业的建设和发展。近 30 年以来,日本环境政策、法制、标准等不断加强,使得环境产业、绿色清洁消费等开始风靡,环保技术的研究投入已占 GDP 的 1% 以上。环境产业从特定的污染型产业转向全部的产业,从官方需求转到民间需求,从城市向各种地域辐射,市场规模也不断扩大。根据图 2-4 来看,目前,日本环保产业的市场规模已达到 480 亿英镑(折合人民币约 4 000 亿元)。

进入 21 世纪,日本开始实施环境立国战略,将发展环保产业作为改善经济结构、推进经济转型的重要内容,以资源循环产业为中心的环保产业在日本蓬勃发展。日本已经形成了产业自主发展的模式,进入市场机制引导下的自律发展阶段。环保产业网络体系覆盖全日本,主要分为"以先进的工业技术为基础的技术系环境产业"和"以社会、经济、人类

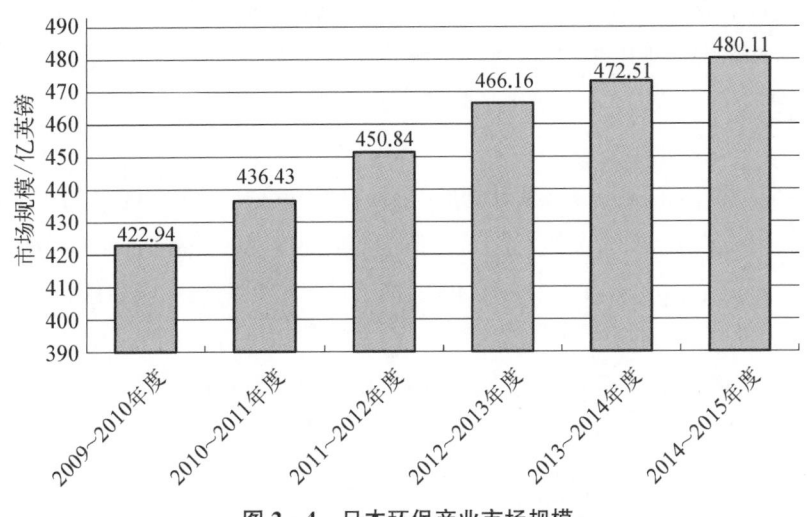

图 2-4　日本环保产业市场规模

数据来源：Low Carbon Environmental Goodsand Services（LCEGS）Report 博思数据中心整理

行为为基础的人文系环境产业"两类。全日本目前具有环保产业示范地区 27 个，17 家位于产业集中的川崎临海地区的世界级钢铁、石油、化工企业，成立了资源能源循环型企业联合组织，企业链基本完善，共同开展环保活动，各资源循环产业间形成了良好的生态协作关系。

日本有 500 多所高等学校，600 所职业技术学校，在校大学生约 240 万人，教员约 15 万人。日本大学除了为社会培养和输送各类人才外，还肩负着大量的以基础研究为主的科研任务，每年的成果产出量达成千上万项。近些年来，随着环境和能源需求的增加，大学科研中明显增加了对使用型、节能环保型技术的研发力度。然而，如何能够使得这些科研成果通过转化实现技术创新、变为现实生产力，是日本政府、高校和产业界共同关注的重点问题。为此，日本政府制定了一系列的法律法规和政策措施，形成了比较完善的法律政策体系及有利于科技成果转化的制度环境。

日本环境法律体系对环保技术成果转化起着重要作用。日本的环保体系是立体的制度设计，上有法律体系做支撑，下有法律体系保障下的可操作目标及运作载体，共同为日本的环保战略的远景服务。

日本的环境法律体系非常庞大，但又非常细致。有指导原则，又有原则下可操作指南；有强制执行的行政手段，也有国家支援性保障（经济手段）。这些无疑都在创造社会及产业对环保技术的需求，确保日本的科技成果具有能够商业化的市场和制度环境。

日本环境法律体系的四个重要能力：

（1）营造市场环境

环保领域相关问题细化分解后，均做针对性立法。使得环境保护在实际推进过程中问题均有法可依，有章可循，避免了立法单一所带来的考虑不周、各部门对法律解读不一致，从而使法律出现落地困难、难以执行等尴尬局面。为环保技术的应运而生及迅速推广普及提供了上下贯通、步调一致的市场环境。

（2）环保主观能动性

随着环境法律体系及相关环保计划的推进，日本社会从个人到企业，从中小企业到大企业都成为环保规划达成的主体。这无疑刺激了企业应对环保任务而产生的对环保技术的市场需求，刺激了相应环保技术的研发，加快了技术成果向实际应用的转化。而这种转化是以市场为导向的，目标性强，成功率高。日本每年研发经费的 80% 是由企业贡献的。新的环保需求势必使企业不得不主动进行环保技术的研发和创新。

（3）经济手段

政府对中小企业的一系列的扶持政策以法律的形式固定下来。《中小企业创造活动促进法》中明确规定，政府需利用辅助金等辅助措施支持中小企业对环保技术的应用和开发。

经济产业省制定的《产业技术实用化开发辅助事业规划》《新一代战略技术实用化开发辅助事业规划》《大学内新产业实用化研究辅助事业规划》等一系列的产业研发辅助制度中，环保均作为重要领域纳入辅助体系之中，通过国家资金的切实拨付，融资制度和政策税收减免等手段，辅助及促进社会企业的产业技术研发和商用，为社会中环保责任主体完成环保任务提供可能。

（4）行政与经济手段双管齐下

日本的环保法律规格很高，除基本法外，其他分类均以法律的形式存在，法律效力明显高于法规。这就使得地方政府在执行过程中，有明确的处罚权限。同时，通过经济手段，支援中小企业进行环保技术的应用。

提高社会中企业方对环保技术的需求，使得企业不得不自主寻求环保技术，或自主研发，或向外寻求技术成果。企业尤其是大企业成为日本环保科技研发和转化的主力。近些年，环保经营等企业经营理念应运而生，也已成为日本对企业运营的重要考量之一。

日本环境保护法体系的整体设计，创造了环保相关方对环保的需求市场，并使市场迅速得到扩张；行政手段和经济手段并用，使生产者自身由被动环保变为主动环保，刺激企业自身对环保技术研发的刚需。两种需求内外呼应，使得日本环保技术的研发非常活跃，且均能够从市场需求或环保任务出发，使得技术落地性强，能够迅速完成成果转化。

大学是研究资源相对集中的机构，但是其研究成果中，一些新型产业成果却没能被产业界所应用。为促进大学等研究机构的研究成果更好地应用于产业界，促进产学合作，提高产业活力，1998 年，日本政府依据 1995 年制定的《科学技术基本法》原则，制定并颁布了《大学技术等转移促进法》[日本简称 TLO(Technology Licensing Organization)法]。从法律层面确认了技术转移机构是将在大学及研究所进行的研究成果向企业进行转移的中介机构。旨在促进大学科技成果转化、技术创新和技术转让。以 TLO 法正式确立为契机,日本大规模修订了产学合作的制度,促进了大学等研究机构的成果转化,同时促进了企业委托大学进行相关项目的研究。

2004 年,日本政府制定了《国立大学法人法》,使国立大学获得了独立法人资格,取得了对自主研发的科技成果的转化和转让的自主权。成果转化、转让产生的全部收益由学校自主经营管理,不再纳入政府的财政预算。该法的实施大大提升了日本国立大学技术成果的开发和同企业合作的效率。到目前为止经过政府认证的 TLO 共有 50 家。每年均可从政府获得 3 000 万～5 000 万日元的资助。表 2-5 为日本 TLO 机构类型。

表 2-5　日本 TLO 机构类型

TLO 类型	结构关系	特点
内部组织型	作为大学的一个组织架构存在于大学之中	组织架构的便利性,能够迅速地将学校内部的研发成果进行汇总 缺乏专业的成果开发转化管理以及把控市场需求及正确进行市场评估人才,使其成果转化效率低
单一外部型	设立在校外,由学校出资入股并专门进行大学成果转化的单独机构	独立性更强,拥有更专业的技术转化人才和经验 其控股大学相对单一,一般承接大学科技成果范围相对狭窄
外部独立型	完全的法人资格,同大学有紧密的合作关系又完全独立于任何一个大学	完全自由的自主经营和广阔的经营范围。一般同多个大学及企业均有多种合作关系 以企业的姿态存在,拥有专业的技术转让、市场运作等人才和经验,能够帮助高校实现技术成果的高效转化

例如日本关西 TLO 株式会社,属于外部独立型 TLO 机构,其主要出资方为京都大学和歌山大学。它是一家同多所大学合作,为各大学进行科技成果转化和支援创新型企业发展的股份制公司。与其合作的大学有京都大学、歌山大学、九州大学、福冈大学、立命馆大学等。主要服务主体为大学、研究机构和企业。面向大学和研究机构的主要业务为提供智慧财产的管理。其具体业务有:通过调研寻找新研究和新发明的课题;针对发明本身主要进行市场性的评估;专利申请业务;为使技术成果得以应用,在国内外向企业进行市场推广业务。关西 TLO 株式会社面向企业的主要业务有:定期向企业传达大学及研究机构的研究成果;为企业制定其感兴趣的相关技术成果转化方案;为企业和大学进行共同研发、合作申请政府专项基金提供咨询和整体转化项目的管理。

从 2010 年开始,技术转化业务营收逐年攀升,2017 年,委托服务费约营收 2 亿日元,实现 400～500 个项目的实施。可见 TLO 机构在大学成果转化中的促进作用不断显现。

2.1.6 瑞典

作为全球最具竞争力的国家之一,瑞典在新一代信息通信技术、生命科学、环境技术、工程机械制造、汽车、精密仪器、特种钢、森林造纸以及包装等领域处于全球领先水平。在上述领域,瑞典不仅拥有一些世界知名的跨国公司和一大批创新型中小企业,还形成了发达的产业集群。

根据欧盟环境技术行动计划(ETAP,Environment Technologies Action Plan),环境技术是指从生命循环角度看,通过现有或可能的解决方案给环境带来明显好处的相关产品、系统、过程和服务,重点是提高资源利用效率和可持续发展。清洁技术(Cleantech)的概念源自美国,与环境技术相比,清洁技术更侧重于能源技术,特别是可再生能源和节能。清洁技术在瑞典被广泛运用,其含义等同于环境技术。

2.1.6.1 瑞典在可持续发展理念、高效生态经济以及环境技术方面处于全球领先水平

瑞典是可持续发展理念的倡导国。1972 年 6 月 5~16 日联合国人类环境会议在斯德哥尔摩召开。这是世界各国政府共同讨论当代环境问题、探讨保护全球环境战略的首次国际会议。会议通过了《人类环境宣言》和《行动计划》。同年的第二十七届联合国大会将每年的 6 月 5 日定为"世界环境日"。

瑞典是高效生态经济的成功实践者。1990 年以来,瑞典的经济总量增长了约48%,其温室气体排放减少了 9%。瑞典在实现减排的同时保持了经济增长。减排给环境技术企业创新带来压力,也促进了环境技术产业发展、出口和就业。2008 年至 2012 年瑞典在不采取任何补贴或灵活机制的情况下将排放量控制在 1990 年排放规模的 96%。

瑞典还是全球首个提出完全摆脱石化燃料依赖的国家。2006 年瑞典政府曾宣布用 15 年的时间,即到 2020 年成为全球首个完全不依赖石油的国家,且不需要增建核电厂。这彰显了瑞典在摆脱对石油依赖、发展可再生能源的雄心。瑞典议会确立的目标是:到 2020 年,除交通行业以外所需能源至少有 50% 来自可再生能源,交通领域至少有 10% 的能源来自可再生能源;供暖行业完全摆脱对石化燃料的依赖。到 2030 年,瑞典交通领域所需能源力争完全摆脱对石化燃料的依赖。

瑞典在环境技术领域拥有一大批创新型公司、成熟型企业和先进的试验和测试条件。据耶鲁大学和哥伦比亚大学与世界经济论坛、欧委会对 125 个国家的联合调查,瑞典仅次于瑞士,在 2008 年全球环境成效排名中居全球第二位。瑞典的环境技术与信息通信、工程、能源、电力、冶炼、森工、包装、汽车、石化、建筑、交通等工业与行业相互交织与融合,形成了较为完整且具有瑞典特色的产业集群。瑞典环境技术企业在环境技术创新、新能源利用、生态城市规划、环境工程咨询、垃圾能源化、工业与建筑节能、热泵与热交换、水处理与生物燃气、生物燃料、风力发电以及太阳能、海洋能利用等领域尤为领先。

2.1.6.2　瑞典环境技术产业的基本情况

瑞典环境技术企业众多。据瑞典环境技术委员会和统计局统计,2008 年瑞典共有环境技术企业 6 542 家,雇员 4.18 万人,同比增长 3%;营业额 1 355 亿瑞典克朗(约合 188 亿美元),同比增长 14%,约占 GDP 的 4.3%;出口额 371 亿瑞典克朗(约合 52 亿美元),同比增长 4%,约占出口总额的 3.1%。2008 年增长最快的风能和太阳能领域就业人数分别为 1 573 人和 735 人,营业额分别为 81.52 亿瑞典克朗和 4.4 亿瑞典克朗。

以营业额排名,瑞典主要的环境技术领域和份额为:废物管理与回收 39%、可持续发展建筑与水净化 16%、生物质能源 12%、太阳能、风能和水能源 10%、水处理 9%、咨询、培训与研发 6%、运输 4%、空气净化 3%、噪声环境处理 1%、污染土壤修复。

瑞典环境技术企业多为中小企业。80% 的企业雇员人数不足 10 人,雇员超过 50 人的仅占 5%。企业数量最多的环境技术领域和份额为:废物管理与回收 45%、咨询 16%、可持续发展建筑与节能 15%、水处理 7%、生物质能源 6%;雇员人数最多的环境技术领域包括废物管理与回收 33%、可持续发展建筑与节能 23%、咨询 13%、水处理 11%、生物质能源 7%、太阳能、风能和水能源 6%。出口型环境技术企业约占 26%。瑞典环境技术出口额占营业额的比重由 2006 和 2007 年的 30% 降至 2008 年的 27%。

瑞典环境技术出口以德国、英国、挪威、丹麦和美国等欧美国家市场为主。随着中瑞两国在节能环保领域不断加大合作,目前中国已逐渐成为瑞典环境技术出口的主要市场之一。

瑞典得以成功地在发展经济的同时保证环境不受到污染,其原因主要是以下几方面:

1. 政府制定合理法规规范企业和公民行为

瑞典长久以来都以一种先驱者的姿态积极参与到全球环境保护的重大行动中,是世界上最早认识到环境污染问题并制订相应环保法规的国家之一。从 20 世纪 60 年代,随着环保意识的加强,只包括保卫公众健康和防治水污染的旧法规逐渐被最新的全面控制各种污染的新法规所替代。早期严格的环保立法使得瑞典工业的发展在腾飞初期就把环境保护放在了优先地位。1972 年在瑞典的首都斯德哥尔摩召开了被誉为人类环保史上里程碑的联合国人类环境会议。到了 20 世纪 80 年代,瑞典首相帕尔梅及联邦德国、挪威元首应联合国的要求发表了《共同的安全》,提出可持续发展战略,这一文件后来成为环保事业的纲领性文件。从本次调查中,也不难看出瑞典的环境保护工作是卓有成效的。

2. 对环保意识培养的重视

瑞典普通公民在日常生活中就有很强的环保意识,宁愿降低自己的生活水平也要坚持环保。环保宣传不仅能引起人们一时的对某个环境问题重视,长期的舆论环境更能促使人们养成环保的终生习惯。再进一步的通过学校及家庭教育,环保的生活习惯就能不断地影响一代又一代人。在相关调查中,有一名受访者在回答个人是否应该承担起环保的责任时仅选择了"可能"这一选项。但在下一题中,他选择了"能"在日常生活中做到垃圾分类一项。这表明拥有环保的生活习惯并不一定代表着有极强的环保意识。反过来说,环保意识不强的人也可通过受他人影响而做环保的事。而当环保的生活习惯超越了意识,成为地域生活的一部分,就能够对传统的宣传教育方式所难以影响的对象加以作用。

3. 国际合作和企业配合给环保带来巨大推动力

很多重大环保项目总是无法由一个国家完成,必须要求世界各国协调行动。因此,瑞典环保政策的一个重要特色就是积极参与国际环保项目,并给予技术和财政方面的支持。

2.1.7　加拿大

根据加拿大工业部与加拿大统计局于1997年环境产业调查报告中的定义,环保产业主要是指"所有在加拿大专门生产或是兼职生产环境产品,提供环境服务和承担与环境有关建设行为的企业。"环保产业包含了一系列的生产被用作或者是潜在的被用作计量、预防、纠正环境损害(人为因素或者是自然因素所造成)的产品或服务的行为。这些行业涉及水、噪声、废弃物等环境领域。环保产业涉及清洁技术和减少环境风险、污染最小化和材料及能源利用。

在加拿大环保产业中,主要包括三部分的内容:环保产品、环保服务和与环保有关的建设,见表2-6。

环保产品主要包括水的供应与保护、废水处理、空气污染防治、固体和有毒废弃物的处理、土壤和地表水的处理、能源有效性产品、可再生能源和替代燃料系统、环境监测、分析和评价,以及其他的清洁技术等领域的产品制造。

环保服务主要包括供水和水资源保护,废水处理设施的运营,大气污染防治过程中的检测、评估、规划等;固体和有毒废弃物的管理与应急系统,土壤和水资源保护等方面的服务;环境工程设计和项目监理等;分析服务、数据收集和分析;环境研究和开发;环境教育和培训信息交流;能源效率和可再生能源、其他的资源管理、环境公众关系等服务。

与环保有关的建设指以上所列有关环境工程建设,具体包括生态环境恢复工程建设、环境工程设施的土建等内容,它的表现形式主要是土建和建设所需要的劳动力投入、其他产业的产品投入等。不同的环境建设项目中基本上包括产品、服务和建设的内容,但是不同的环境工程,三者的比例是不同的。例如生态环境工程中建设的内容要大于其他的部分,垃圾焚烧炉项目的主体内容是焚烧炉(环境制造产品),其中的建设内容比较少。建设内容由于涉及整个建设项目中的工程设计、环保产品的供应,因此,环境工程建设是环保产业发展过程中与其他产业关联度最大的门类,它的发展带动了建材、冶金等非环保产品的投入。因此,环保产业的发展以与其他产业之间紧密的关联度成为经济发展过程中新的经济增长点。

表 2-6　加拿大环保产业分类体系(2000 年)

一级类别	二级类别	三　级　类　别
环保产品	水	水的供应和保护的相关产品,废水管理及污水处理相关产品
	空气	对室内或室外空气污染控制或改善的相关产品
	废弃物	有害和无害废弃物管理的相关产品土壤、地表水、海水、地下水治理或处理的相关产品
	可再生能源	能源有效利用设备,太阳能、生物能、风能及其他可再生能源系统和设备
	新型燃料系统	燃料重整、燃料电池、氧能、清洁技术
	分析	环境监测、分析及评估
	其他	噪声和振动处理,可回收材料
环保服务	水	水的供应和保护的相关服务,废水管理及污水处理,管理设计及相关工程咨询,分析服务等
	空气	市内或室外空气污染控制,排放检测、评估、规划,相关咨询工程和分析服务
	废弃物	废弃物处理、收集、运输及分解,场地运营管理和循环利用,工程咨询和分析服务,对土壤、地表水、海水、地下水的管理或处理
	研究和开发	环境领域的研究和开发
	可再生能源工程分析	安装,维修,相关工程咨询、审核,资源管理和分析服务;其他上述没有提到的环境顾问和/或设计服务;其他上述没有提到的分析服务,管理咨询和法律服务
	环境教育、培训和信息	针对公众或特定环境工作人员的环境教育,环境信息研究服务,环境应急对策计划,资源节约管理
	其他	噪声和振动评价、检测,声屏障声学设计,管理及其他
环保关联建设		空气污染控制(包括市内和室外)
		水资源的供应和保护
		废水管理及污水处理
		有害和无害废弃物的处理、储存、循环利用相关工程
		对土壤、地表水、海水、地下水的治理或处理
		噪声和振动治理
		其他工程

资料来源：Industry Canada，2000，"The Canadian Environment Industry at a Glance"，p.41

　　按照 EBI 2000 年调查报告来评估加拿大环保产业发展程度,加拿大环保产业的发展已进入了最高的发展阶段,即国际化与可持续发展阶段。由于加拿大环境标准的愈加严格以及国外市场的日趋饱和,引进高新技术,增强环保效果和降低成本,才能保持竞争优势。

　　技术创新是环保产业发展的生命线。它不仅极大地影响着环保产品与服务的质量及

市场竞争力,而且极大地影响着环保企业的前景。加拿大国际可持续发展研究所认为,环境技术有四个层次:

(1)针对污染破坏的治理技术,如治理受污染的土地与河流等;

(2)终端污染减排技术,如烟尘脱硫、废水处理、消声器等;

(3)生产过程中的污染防治技术,如无铅汽油、无污染的工业流程设计等;

(4)可持续性,如生态工程可循环产品、DSM(Demand Side Management)技术(即能达到节约资源和环保的技术)。

这四个方面构成了环境技术发展的域谱。后两方面日益成为环境技术创新的主要领域,甚至生产过程中的污染防治技术也趋向于被可持续性技术所替代。这些都扩展与丰富了环境技术创新的内容。

加拿大环保技术正向深度化、尖端化方向发展,产品不断向普及化、标准化、成套化、系列化方向发展。目前,新材料技术、新能源技术、生物工程技术正不断地被引进到环保产业中。

2.2　中国大气污染防治技术推广现状

2.1.1　大气污染防治技术发展现状

近年来,由于中国环境质量改善的迫切需求,政府加大了打好"蓝天保卫战"的决心和力度,环保产业和技术蓬勃发展,并积极探索与国际市场接轨,与发达国家的差距不断缩小。目前中国大气污染治理行业主要有脱硫、脱硝、除尘三大领域(图2-5),其技术领域重点为:火电行业烟气治理、垃圾焚烧尾气处理、煤炭清洁行业、冶金行业超净排放、环境监测和VOCs综合整治等,已经形成了成熟的产业链。

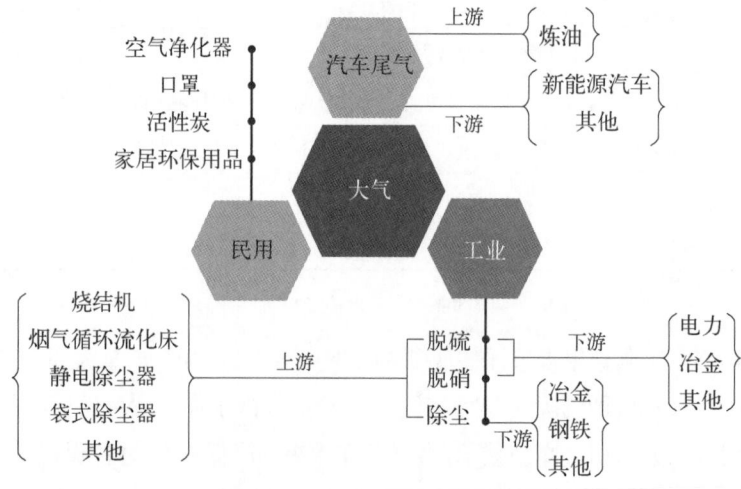

图 2-5　大气污染治理产业链

近几年随着汽车使用量的急剧上升,汽车尾气对大气的影响也不断加大,尾气治理也逐渐在大气污染治理行业中占据一席之地。大气污染治理产业链的上游主要是脱硫、脱硝、除尘、尾气污染治理领域的设备和原料产业,下游主要是相关领域的主要运营产业。"十一五"规划期间,大气污染治理重点发展脱硫领域,市场达到一定程度的饱和状态,未来脱硫领域的重心主要是对现有的火电脱硫机组进行改造或重建火电机组,"建设-经营-转让"模式有望成为该领域的主要发展模式。"十二五"期间,大气污染治理的重心转向脱硝领域,脱硝设备及其运营产业迎来发展的高峰期,开展"煤改气"工程、化工印染行业整治、淘汰高污染黄标车等工作。"十三五"期间,继续加强汽车尾气污染防治、推进地方燃煤热电联产综合改造、挥发性有机物(VOCs)、非电行业脱硫脱硝等工作,扩大清洁能源应用,进一步推动"绿色制造"和可持续发展。同时,环保产业的发展,也将取决于政策、环境管理体制改革、监督执法、PPP 等创新模式的整体推进。2018 年 6 月,经李克强总理签批,国务院印发了《打赢蓝天保卫战三年行动计划》。打赢蓝天保卫战,是党的十九大作出的重大决策部署,进一步明确了大气污染防治的决心。大气污染成因与控制技术研究、大气重污染成因与治理攻关等重点项目,要以科技基础支撑,以目标和问题为导向,边研究、边产出、边应用。加强区域性臭氧形成机理与控制路径研究,深化 VOCs 全过程控制及监管技术研发,开展钢铁等行业超低排放改造、污染排放源头控制、货物运输多式联运、内燃机与锅炉清洁燃烧和氨排放与控制等技术研究。可见环保技术的推广应用尤为重要。

2.1.1.1　除尘技术现状

中国是煤炭消耗大国,能源结构决定了以煤炭为主的火力发电格局。中国每年消耗原煤约 21.5 亿吨,约 70% 被燃煤电厂使用。煤炭燃烧会产生大量的粉尘颗粒,其中细颗粒物 $PM_{2.5}$(particulate matter, $De \leqslant 2.5\ \mu m$)对大气环境质量和人体健康的影响更大。

固定排放源烟气除尘技术除了传统的静电除尘技术、袋式除尘技术、电袋复合除尘技术外,由于种种实际因素,上述三种除尘器很难满足烟气出口排尘量低于 $30\ mg/Nm^3$ 的新标准,尤其对 $PM_{2.5}$ 的排放控制不佳。近年来,国内外学者对除尘新技术进行了大量的理论研究和实验论证,如聚并技术、湿式电除尘技术、旋转电极技术、高频电源技术、烟气调质技术,许多技术已获得突破性进展并初步开始应用,但仍需完善和改进。

柴油车等移动源的除尘装置为柴油颗粒过滤器 DPF(Diesel Particulate Filter),回收装置安装在柴油车排气系统中,尾气由专门的通道进入碳化硅(SiC)捕集器,经过其内部精密设置的壁流式通道,可以将碳烟微粒吸附在捕集器上,吸附率可达 99% 以上。DPF模型如图 2-6 所示。

1. 我国烟气除尘技术现状

目前中国电除尘器的生产规模和使用数量均居世界首位,电除尘技术接近世界先进水平。布袋除尘器的技术核心在于滤料,随着材料科技的不断进步,袋式除尘技术得到广泛应用。电袋复合除尘技术是基于静电除尘和袋式除尘两种成熟的除尘理论,由我国自

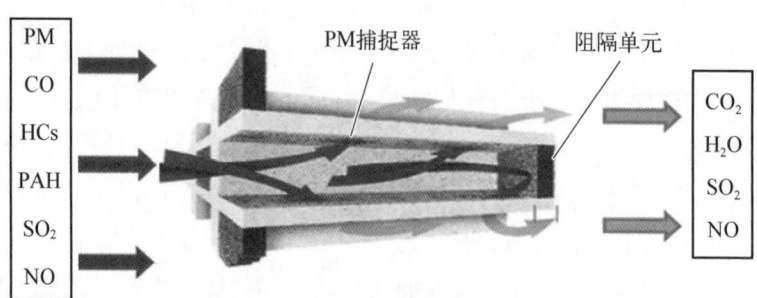

图 2 - 6   DPF 设备装置模型

行研发提出的新型除尘技术,近几年已在多家电厂成功应用。

(1)静电式除尘技术现状及发展趋势

静电式除尘器(Eletrostatic Precipitator,ESP)的主要工作原理是在电晕极和收尘极之间通高压直流电,所产生的强电场使气体电离、粉尘荷电,带有正、负离子的粉尘颗粒分别向电晕极和收尘极运动而沉积在极板上,通过振打装置使积灰落进灰斗。

根据中电联统计数据显示(如图 2 - 7 所示),从 2000 年起,静电除尘成为燃煤电厂超低排放的绝对主流除尘设备,在煤电行业的市场占有率突升到 80%。不过 2010 年以后,煤电行业电除尘市场需求开始出现回落,同时部分电除尘企业风险意识不强,经营管理出现较大问题,出现低价竞争等现象,电除尘行业市场规模有所收缩,截至 2017 年 12 月,电除尘在电力行业除尘市场占有率约为 66.40%,据不完全统计,2017 年全国电除尘行业销售收入约为 128.68 亿元,比 2016 年同比下降 18.56%。对于静电式除尘行业总体而言,燃煤电厂超低排放改造工作已接近尾声,新上机组需求变小,煤电行业的超低排放治理呈回落趋势;但由于前期超低排放改造工作时间紧、任务重,有一批最低价中标项目的质量

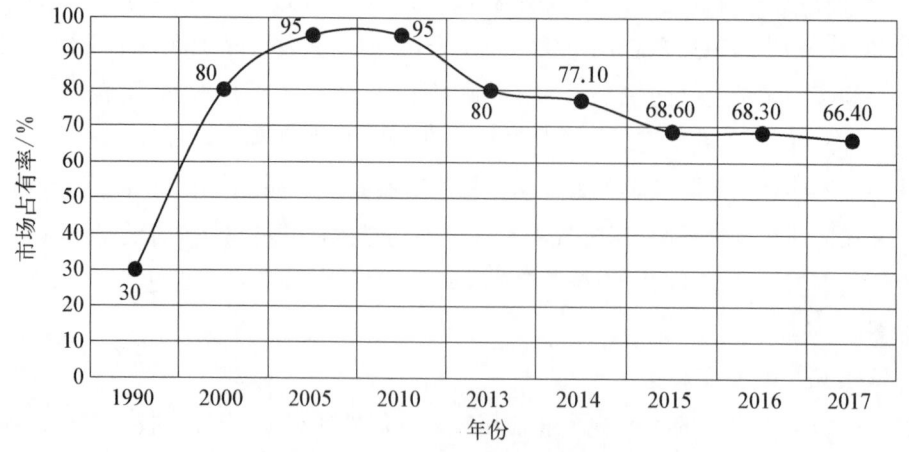

图 2 - 7   1990~2017 年煤电电除尘器市场占有率

数据来源:前瞻产业研究院

无法保障,预计未来几年将有一批超低排放二次改造项目机遇。同时火电厂除尘第三方治理的市场将逐步扩大。此外,非电行业烟气治理市场将进一步增长。随着钢铁、水泥、平板玻璃、电解铝、石化等非电行业的烟气治理超低排放改造持续推进,为电除尘行业带来了一定的发展机遇。

(2)袋式除尘技术现状及发展趋势

袋式除尘器的主要工作原理包含过滤和清灰两部分。袋式除尘器最大缺点是在高温、高湿度、高腐蚀性气体环境中,滤袋材料的适应性较差。另外,还存在滤袋易破损、脱落,旧袋难以有效回收利用。美国国家环境保护局的环境技术认证(Environmental Technology Verification,ETV)项目对 ePTFE 覆膜滤料做过的性能检测发现,滤料覆膜可一定程度上控制 $PM_{2.5}$ 和消除有害气体,此项目对袋式除尘技术的发展有较好的引导作用。改进袋式除尘器可从三个方面进一步研究:滤料覆膜、滤料的改进创新、旧袋的有效回收利用。

相比于静电式除尘器,袋式除尘器的除尘效率更高,尤其对人体有严重影响的重金属粒子及亚微米级尘粒的捕集更为有效,而且使用灵活、结构简单、投资小,可以广泛地应用于水泥、电力、冶金、化工等领域的废气除尘。目前,钢铁、铝、垃圾焚烧等行业袋式除尘器使用比例达到 90%以上(如图 2-8 所示)。袋式除尘行业是典型的靠政策驱动的行业,在执行大气污染物特别排放限制的大时代背景下,特殊排放和超低排放已愈发常态化,环保督查、党政同责和一岗双责给污染型企业带来了巨大的压力,均面临着提标改造的任务,这些都给袋式除尘行业的发展带来了新机遇。

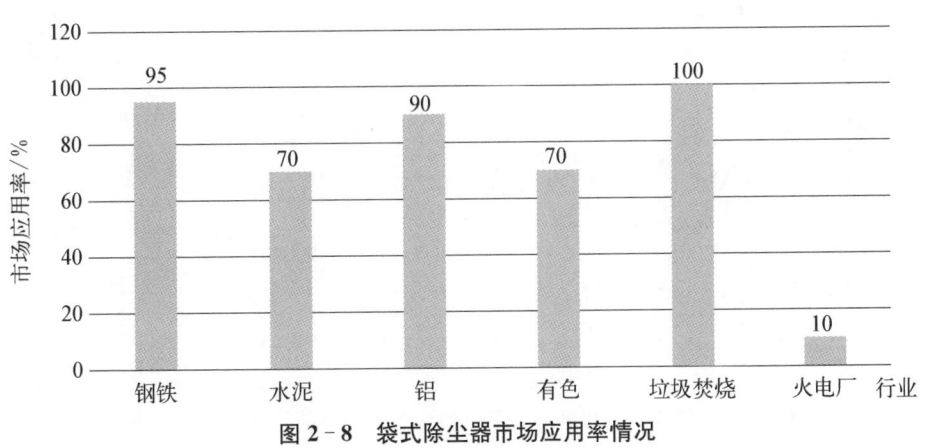

图 2-8　袋式除尘器市场应用率情况

数据来源:前瞻产业研究院

根据中国环境保护产业协会的统计,2018 年,从事袋式除尘行业的注册企业有 160 余家,分布在全国 26 个省(直辖市),其中科研、高校和企业近 50 家,生成纤维和滤料的企业 100 余家,生成配件和测试仪器的企业 10 余家。市场规模方面,2014 年以来,中国袋式除尘器市场规模重新恢复增长趋势,到 2018 年行业总产值约 180 亿元,总产值增长率为 12.5%(图 2-9)。不过,袋式除尘行业处于一个充分竞争市场,残酷的市场竞争致使行业盈利水平低下、本大利薄,2018 年行业利润约为 20 亿元,与 2017 年持平,利润率只有 11%(图 2 - 10)。对于袋式除尘行业总体而言,国家大气排放标准日渐严格,许多企业都面临着减产甚至停产关闭的威胁,至此企业新一轮环保提标改造全面铺开,特别排放和超低排放要求已成常态。因此,袋式除尘行业机遇犹存,袋式除尘器和滤料需求旺盛,袋式除尘器仍然是颗粒物净化和超低排放、提标改造的主流设备。

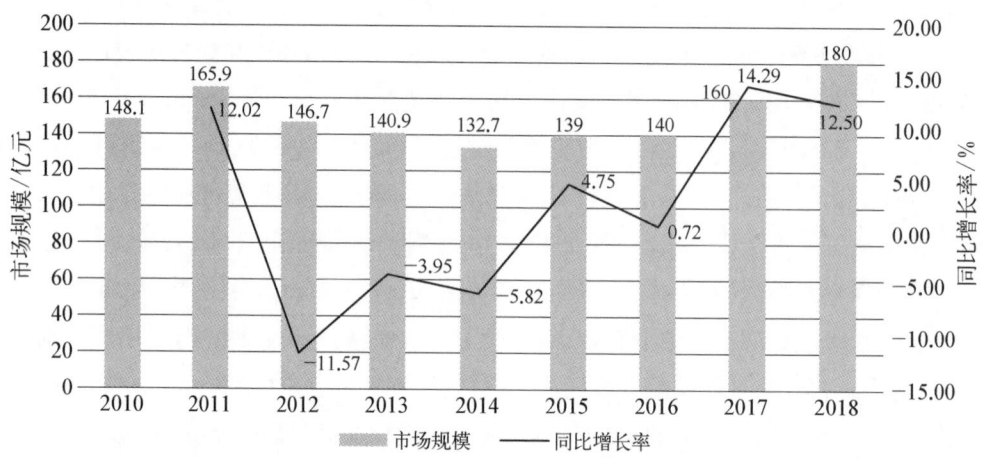

图 2 - 9　2010～2018 年中国袋式除尘行业市场规模及同比增长率

数据来源:中国环境保护产业协会

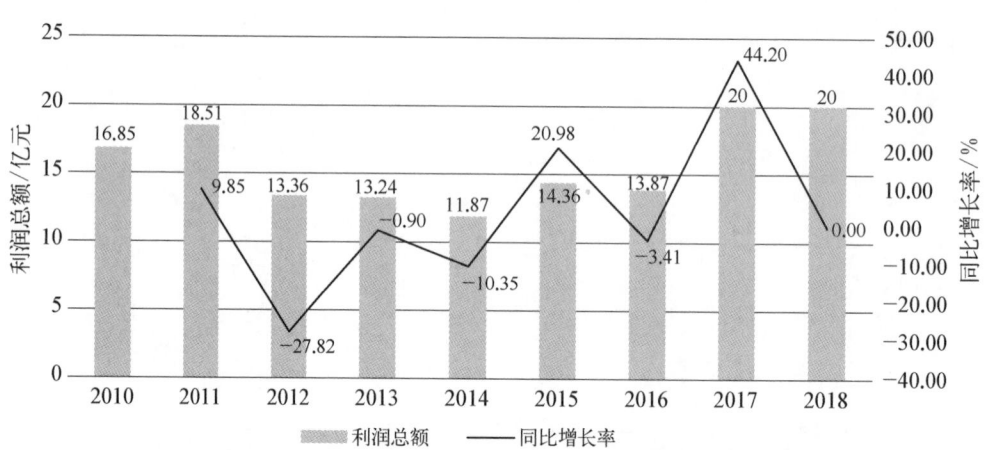

图 2 - 10　2010～2018 年中国袋式除尘行业盈利总额及同比增长率

数据来源:中国环境保护产业协会

(3)电袋复合除尘技术现状及发展趋势

电袋复合除尘技术是基于静电除尘和袋式除尘两种成熟的除尘理论、由中国自行研发提出的新型除尘技术,近几年已在多家电厂成功应用。

电袋复合式除尘器的工作过程是,含尘烟气进入除尘器后,大约 70%～80% 的烟尘在电场内荷电被收集下来,剩余 20%～30% 的细烟尘被滤袋过滤收集。电袋复合式除尘器兼容了静电除尘器和袋式除尘器的优点,但仍存在有臭氧腐蚀、运行阻力较高、投资大、占地面积大等缺点,滤袋寿命短以及换袋成本高仍是其重要问题。

电袋复合式除尘器的改进可从三个方面入手:优化静电除尘单元和袋式除尘单元的长时间协同作用以及相对结构布置,消除静电除尘单元产生的臭氧,滤料的技术创新。

2. 除尘行业创新技术及应用前景

(1) 聚并技术

聚并是指微细粉尘通过物理或化学过程互相接触、碰撞而结合成较大颗粒的过程。微细烟尘聚并成较大颗粒后,更容易被除尘器捕集,提高了微细烟尘的脱除效率。当前国内外研究的聚并技术主要有:电聚并、湍流凝并、声聚并、蒸汽相变聚并、化学聚并和光聚并等。

澳大利亚 Indigo(因迪格)技术有限公司于 2002 年推出了 Indigo 凝聚器工业产品,至 2008 年 10 月,Indigo 凝聚器已经开始在中国电厂中使用,测试结果表明,$PM_{2.5}$、PM_{10} 排放可分别减少 80%、90% 以上。自 2007 年,华北电力大学和北京大学共同参与国家 "863" 课题 "超细颗粒物聚并新技术开发",从实验和理论计算两方面对超细颗粒物湍流聚并技术进行了大量研究,自行研发出一套双极荷电-湍流聚并装置。此外,自 2011 年始,北京大学与长沙理工大学合作,设计了 2 台超细颗粒聚并器,并在大唐湖南耒阳电厂 300 MW锅炉机组上开展了实验研究,目前仍在考核实验,测试结果表示超细颗粒聚并效果显著。

该技术不仅能较大幅度提高除尘效率,还能对 $PM_{2.5}$ 有效控制,工艺简单可靠,有广阔的应用前景。由于电聚并器一般安装在电除尘器的烟道前,其安装空间受到了一定限制。另一方面因烟道内气流速度大,不适用于收集颗粒物大的烟尘。此外,如何减少在电聚并器段的压力损失也是目前测试阶段需要解决的问题。

(2) 湿式电除尘技术

湿式电除尘技术与干法静电除尘技术对粉尘捕集的原理基本相同,两者结构也类似。所不同的是清灰方式,湿式除尘器摒弃了传统的机械振打清灰方式,通过烟气与水接触使飞灰沉降。根据湿式除尘器原理和结构的不同,可分为有自激式除尘、麻石水膜除尘、喷淋式除尘三种主要形式。

2010 年,由我国重型机械研究院有限公司设计的湿式电除尘器应用于浙江某工业窑炉生产线,实测烟尘排放浓度远低于设计值 30 mg/Nm³,达到 20 mg/Nm³ 以下,最低可达 12 mg/Nm³,且设备运行稳定。湿式静电除尘器冲洗水对烟气有洗涤作用,对烟气的脱硫及去除重金属离子有一定作用,尤其对控制 $PM_{2.5}$ 效果明显。

湿式静电除尘器也有一些缺陷:湿式静电除尘器布置在脱硫系统后,场地空间受限制;虽然湿式静电除尘系统的冲洗水采用闭式循环,但由于水中含尘量增加,仍需不断补充原水;其大量部件长期处于潮湿环境,对材料的耐腐蚀性要求较高。

（3）旋转电极技术

旋转电极式电除尘器与常规电除尘器的除尘原理完全相同，在清灰方式上有很大改变。旋转电极是由若干个小块极板固定在板链上低速旋转，极板由原来的整体压型板改为小块极板，通过板链带动旋转。其清灰方式采用旋转钢刷清灰，从根本上改变了常规电除尘器的振打装置清灰，彻底避免了振打清灰造成的二次扬尘，同时也解决了高比电阻粉尘的反电晕问题。

在我国，自 2010 年以来，浙江菲达环保科技股份有限公司研发生产的大型燃煤电站配套旋转电极式电除尘器，先后应用于内蒙古包头第一热电厂 300 MW 机组、内蒙古达拉特电厂 330 MW 机组，经过测试，该除尘器各项技术指标达到或优于设计要求，粉尘出口排放浓度达到 30 mg/Nm³ 以下。

旋转电极式电除尘器能较大限度地减少二次扬尘，避免反电晕效应，从而大幅提高除尘效率，显著降低烟气出口 $PM_{2.5}$ 浓度。由于不需另占空间，只需将固定电场改成旋转电极式电场，特别适合于老机组电除尘器改造。同时也具有常规电除尘器的阻力损失小、运行维护费用低等优点。旋转电极式电除尘器也有部分缺陷，其结构相对复杂，对制造和安装工艺要求较高，具有一定的局限性。另外，其长时间稳定运行的可靠性仍需考证。

（4）高频电源技术

高频电源采用现代电力电子技术，是将工频交流电经三相整流桥整流成约 530 V 的直流电，再经逆变电路变成 20 kHz 以上的高频交流电流，最后通过高频变压器升压和频整流器整流滤波，形成 40 kHz 以上的高频脉动直流，供给电除尘器电场。其功率控制方法有脉冲高度调制、脉冲宽度调制和脉冲频率调制三种方法。目前，多数高频电源采用的是脉冲频率调制方法。

高频电源的成功实践令电源技术水平有了质的飞跃，使电除尘器有了更广阔的适用范围。越来越严格的排放标准也激励着高频电源技术向更成熟、更完善、更现代化的方向发展，相信高频电源技术将会为除尘领域做出更大贡献。

（5）烟气调质技术

烟气调质技术是指在除尘器前对烟气进行调质处理，向烟气中注入调质剂，改变烟尘的一些物理化学特性，如飞灰比电阻、化学成分、黏附性、粒度分布、颗粒的形态等。调质后的烟尘更容易被除尘器捕捉，从而提高除尘效率。用于实验研究的调质剂有无水氨、氨溶液、硫酸、三氧化硫、磷酸、二乙胺、氨基磺酸、氯化钠等，目前应用较多的调质剂是 SO_3。

在其他国家，SO_3 调质技术已经是一项成熟的技术，被不少公司采用。例如在过去 20 年中，世界各地大电厂安装应用了 500 多台由美国 Wellco 公司研发的 SO_3 烟气调质装置，并且运行效果良好。中国在新世纪初就对烟气调质技术进行了大量的实验研究，并且在多家电厂测试应用，例如华润电力登封有限公司一期 2×320 MW 机组电除尘器原先的除尘效率只有 98.5% 左右，引入烟气调质系统后，除尘效率大于 99.8%。

3. 建议

对各新式除尘技术进行综合比较,见表 2-7。

表 2-7　各新式除尘技术比较

技术种类	PM$_{2.5}$去除率	投　　资	可　靠　性
聚并技术	高	小	较高
湿式电除尘技术	高	大	较低
旋转电机技术	较高	较大	较低
高频电源技术	较高	小(有节能效果)	高
烟气调质技术	较高	小	高

目前国内大多除尘设备相对老旧,烟尘排放浓度远不能达到低于 30 mg/Nm^{3}的新要求。结合我国目前除尘现状,提出以下建议:

(1)逐步淘汰老旧除尘设备,找到相对适合改造的新除尘技术。对新建燃煤电厂的常规除尘器进行升级改造,使其达到新的烟尘排放标准。

(2)加快除尘新技术的研发和应用,积极引进国外已成功工业化的新式除尘技术,开发和示范适合中国国情的烟气除尘技术。

(3)针对 PM$_{2.5}$排放控制,结合新除尘技术对中国煤种适应性的研究,进一步对新技术优化集成,实现绿色环保与清洁电力生产的目标。

2.1.1.2　脱硫技术

1. 中国烟气脱硫技术现状和发展趋势

脱硫设备根据不同的脱硫技术研发和制造,目前脱硫技术研究的方向较多,大类上来讲包括干法、半干法和湿法。干法脱硫技术主要是脱硫剂、脱硫产物为干态。其工艺流程简单,无二次污染,占地较少,可靠性较高,投资较低,但系统运行费用较高。半干法脱硫工艺的特点是,反应在气、固、液三相中进行,利用烟气湿热蒸发吸收液中的水分,使最终产物为干粉状。半干法脱硫一般选用的脱硫剂为 CaO 或 Ca(OH)$_2$。湿法脱硫主要是将烟气中的二氧化硫经过降温通入到吸收剂溶液或浆液中,通过反应回收 SO$_2$及其他副产物的过程,具有脱硫效率高、吸收剂可循环等优点。目前国内市场基本选择湿法脱硫,干法由于接触率低,脱硫率远低于湿法;半干法同样受困于脱硫效率的问题,不适合大容量的燃烧设备,两者尚需技术突破。

根据中电联的统计,截至 2014 年底,纳入火电厂烟气脱硫产业排名的 22 家脱硫环保公司中选用石灰石-石膏湿法脱硫技术投运的火电机组容量为 504 725.80 MW,占机组总量的 92.31%。石灰石-石膏湿法脱硫技术是目前火电机组脱硫市场的主流技术。除了石灰石-石膏湿法脱硫技术外,目前市场上还有公司选用氨法脱硫技术、海水法、有机胺法、烟气循环流化床法、半干法、干法、双碱法和镁法等方法。其中,选用氨法脱硫技术投运的机组容量为 7 314.13 MW,占机组总量的 1.34%,同时在 2014 年底纳入火电厂烟气脱硫产业排名的 22 家脱硫环保公司中有 21 家采用石灰石-石膏湿法脱硫技术,其中有 9 家环保公司 100% 采用该技术。

　　由于各种技术路线的技术原理、工艺流程不同,技术特点及优劣势等因素造成各种技术在现实运用中在适用的下游行业等方面并不完全一致。表 2-8 归纳了 4 种去除率较高的湿法脱硫技术原理及优缺点。

表 2-8　4 种湿法脱硫技术的原理及优缺点对比

技术	原理	优点	缺点
石灰石/石灰-石膏法	采用石灰石或者石灰作为脱硫吸收剂,并鼓入空气实现去除二氧化硫	成熟可靠,效率较高(>90%),原料广泛,成本低廉,操作简单	投资维护成本高,耗水量大,占地面积大,系统复杂,易腐蚀,生成物难处理,易产生二次污染
氨法	洗涤生成亚硫酸铵或者亚硫酸氢铵	反应速率快,吸收剂利用率高	成本较高,腐蚀较重,有氨逃逸、气溶胶、气拖尾现象,有废浆液产生
双碱法	采用钠基脱硫剂进行塔内脱硫	产物溶解度大,不堵塞;吸收剂用氢氧化钙再生后循环使用	二氧化碳也会反应影响脱硫效率,反应较难控制
离子液法	利用离子液吸附烟气中的二氧化硫	脱硫率高,脱硫效率可达 99.5%,适应范围广,吸收液可再生、循环使用	工程造价较高,部分材料需进口

　　此外,石灰石-石膏湿法技术虽然目前是市场主流,但该技术与氨法烟气脱硫技术尚未形成明显的替代关系。主要是因为两种技术目前适用的下游行业存在现实差别。氨法烟气脱硫技术目前主要应用于配套大型燃煤热电锅炉的化工企业、中小型燃煤热电锅炉、中小热电厂、生物、制药、造纸、有色金属等行业企业;而石灰石-石膏湿法烟气脱硫技术目前主要运用于火电行业烟气脱硫领域,尤其是大型火电燃煤锅炉的火电厂(单台脱硫塔对应的燃煤电力机组装机容量大于 600 MW)。

　　2. 下游行业脱硫市场竞争格局

　　在火电行业烟气脱硫领域,石灰石-石膏湿法为主流技术,占比超过 90%。由于火电烟气脱硫对脱硫装置运行的安全性、稳定性的要求较高,以及受火电厂的燃煤机组装机容量大、烟气量及含硫量大,造成脱硫剂的使用量较大等原因的影响,中国在发展火电厂烟气脱硫之初便采用吸收剂相对便宜、技术较成熟的石灰石-石膏湿法作为主流技术。目前,火电行业烟气脱硫市场的竞争参与者主要为采用石灰石-石膏湿法技术作为其主要技术的环保公司。截至 2015 年底,中国华能集团公司、中国大唐集团公司、国家电力投资集团公司、中国国电集团公司、中国华电集团公司等国务院国资委直属五大发电集团装机总量约为 6.65 亿 kW,约占全国总装机容量的 44.13% 以上。而五大发电集团中的四家有下属从事烟气脱硫业务的环保公司,分别为北京国电龙源环保工程有限公司、中电投远达环保工程有限公司、中国华电工程(集团)有限公司和中国大唐集团科技工程有限公司。截至 2014 年底,这四家公司累计投运的烟气脱硫工程机组容量为 203 870 MW,占脱硫工程机组总容量的 26.84%。除上述四家环保公司外,另有多家环保公司采用石灰石-石膏湿法技术从事火电烟气脱硫业务,其业务特点主要为:承揽五大发电集团的部分大型火电烟气脱硫工程项目及特许经营项目;承揽特定省份的烟气脱硫工程项目。

3. 化工及其他非火电行业烟气脱硫领域

在化工及其他非火电行业烟气脱硫领域,氨法为主流技术。据统计,目前氨法脱硫在化工行业总体占比在 50% 以上。虽然中国的烟气脱硫在发展初期主要在大型火电厂推广,但近年来,随着国家环保政策的不断完善,环保排放标准不断提高,化工行业企业的自备燃煤热电机组执行的大气污染物排放标准与火电厂相同,因此化工行业企业越来越重视烟气脱硫环保装置的建设。化工行业企业有便捷的脱硫剂(合成氨、氨水)来源,且脱硫副产品硫酸铵可直接作为农业肥料进行销售,因此其较早认识到氨法烟气脱硫技术的独特优越性。目前,国内化工行业企业多采用氨法脱硫技术,并随着化工行业产能的扩大迅速推广。

2.1.1.3　脱硝技术

1. 中国烟气脱硫技术现状和发展趋势

氮氧化物(NO_x)是大气的主要污染物之一,是导致酸雨和光化学烟雾的罪魁祸首,给自然环境和人类带来严重的危害。我国目前已经是氮氧化物排放量最大的国家,政府"十三五"发展规划中表明到 2020 年全国氮氧化物排放总量比 2015 年降低 15%,巨大的环保压力也带来了广阔的市场空间。

目前燃煤锅炉脱硝设备装机率已达到 86%,来自燃煤锅炉氮氧化物占总排放量的比例从 2012 年的 70% 下降到 2017 年的 52%,已呈逐渐下降态势。由于近年来汽车保有量的大幅增加,以及大量未配备尾气处理装置的国三甚至国二排放标准的柴油车仍在路行驶,再加上中国油品质量的低下导致交通运输行业也排放了大量的氮氧化物。有关资料显示,在 2015 年来自交通运输行业的氮氧化物排放量为 688 万吨,占该年我国氮氧化物总排放量的 35% 以上。由此可知燃煤锅炉和交通运输行业构成了我国氮氧化物的绝对来源。

目前常用的脱硝技术有选择性催化还原法(Selective Catalytic Reduction, SCR)和选择性非催化还原法(Selective Non-Catalytic Reduction, SNCR)。SCR 是在催化剂的作用下,有选择性地用还原剂(氨、尿素等)将烟气中的氮氧化物(NO_x)还原成无害气体(N_2、H_2O),是炉外控制氮氧化物排放的最有效的方法。SCR 和 SNCR 这两种工艺原理上并无太大区别,主要区别在于 SNCR 不使用催化剂,导致 SNCR 反应温度比 SCR 要高,在考虑烟气余热回收的条件下,SCR 成为最佳的选择。燃煤电厂广泛采用的 SCR 脱硝催化剂为 V_2O_5- WO_3/TiO_2 体系,催化剂成本通常占脱硝装置总投资的 20%~30%,每运行 3 年时间就需要更换催化剂,导致 SCR 的建设和运行投入是 SNCR 投入的数倍以上。

2. 固定源烟气脱硝技术发展趋势

目前我国燃煤电厂普遍采用 SNCR 和 SCR 相结合的耦合脱硝系统,具有了 SCR 的脱硝效率高、SNCR 的投资省的特点,同时也做到了烟气中余热的回收。SNCR/SCR 耦合脱硝系统实质上是 SNCR＋较小尺寸的 SCR,工艺方法的前端为 SNCR,从锅炉排出的烟气在经省煤器之前喷入适量尿素溶液还原一部分 NO_x,烟气温度并未下降太多,进入省煤器回收余热,尿素分解产生的未反应完全的氨跟随烟气进入后端较小的 SCR 装置,进一步完成催化还原反应,使 NO_x 降低到排放标准以下。

3. 移动源尾气脱硝技术发展趋势

截止到 2016 年末,我国各类车辆保有量超过 2 亿辆,同时以每年超过 2 300 万辆的速度增加,随着汽车数量的大幅增加导致交通运输行业的氮氧化物排放量仅次于燃煤锅炉氮氧化物的排放量。应用于汽车尾气脱硝的原理与燃煤过滤脱硝原理相同,都为 SCR 法,但由于汽车尾气温度更低,需要采用催化能力更好的催化剂,比如贵金属银、铂、铑和稀土金属等,造价更为昂贵。目前汽车尾气脱硝行业居于龙头地位的是法国佛吉亚排气公司,佛吉亚的尾气脱硝系统采用纳米级钛白基蜂窝载体,催化剂类型为铈-铂类催化剂,佛吉亚目前在中国有 15 家工厂,为一汽大众、上海大众、上海通用、神龙公司、东风日产、奇瑞等企业提供尾气脱硝系统。

目前常规的商业船舶使用重油作为燃料。重油的特点是分子量大、黏度高。重油的比重一般在 0.82~0.95。重油除了黏度高外,其硫含量、金属含量、酸含量和氮含量也较高。柴油也叫轻油,商船也是使用的,但是只在靠离码头或者发生危机情况下才使用。轮船尾气脱硝也将是未来趋势。

2.1.1.4　VOCs 污染防治技术

1. VOCs 的定义、来源及危害

挥发性有机物(Volatile Organic Compounds, VOCs)的定义有多种形式,一是世界卫生组织(WHO, 1989)根据其物理性质定义为:熔点低于室温而沸点在 50℃~260℃之间的挥发性有机化合物的总称。二是美国国家环境保护局根据其化学性质定义为:除一氧化碳(CO)、二氧化碳(CO_2)、碳酸、金属碳化物、金属碳酸盐和碳酸铵外,任何参加大气光化学反应的碳化合物。中国生态环境部近几年出台的政策中的 VOCs 的定义与第二类定义更接近,即强调了其参与大气光化学反应的特性。

VOCs 的来源分为自然排放和人为排放,全球尺度上,VOCs 排放以自然源为主;但在重点区域和城市,人为源排放量远高于自然源。范围内的自然源排放量是人为源排放量的 10 倍左右。VOCs 的人为排放源包括工业源和生活源,工业排放源主要是使用含 VOCs 产品的行业,如炼油与石化行业,制药,有机精细化工行业,涂装、印刷、黏合等;生活排放源主要有汽车、柴油车等移动源,秸秆焚烧等固定燃烧源,以及新居涂料装潢和厨房油烟无组织排放等。

VOCs 种类繁多,多数具有刺激性气味和毒性,部分已被列入致癌物名单。多数 VOCs 气体易燃易爆,对企业生产安全造成威胁。该类化合物除了是大气光化学反应的重要"燃料",也与氮氧化物反应造成大气中臭氧等污染物浓度增加以及向二次有机颗粒物转化,最终形成 $PM_{2.5}$;此外,光化学烟雾发出的热一定程度上会破坏云雾变为雨雪的冷凝条件,从而导致雨雪减少。由于 VOCs 对环境和人体健康产生的危害,我国在《中华人民共和国大气污染防治法》中要求对工业生产中产生的有毒气体进行净化处理,对可燃性气体进行回收利用;在《大气污染物综合排放标准》(GB 16297—1996)中规定了 33 种挥发性有机物的排放标准,将大部分的其他挥发性有机物按非甲烷类烃来处理,并规定了统一的排放标准。

2. VOCs 污染防治主要技术现状及发展趋势

针对 VOCs 的污染防治,应遵循源头和过程控制与末端治理相结合的全过程综合防治原则(如图 2-11 所示)。在工业生产中采用清洁生产技术,严格控制含 VOCs 原料与产品在生产和储运、销售过程中的 VOCs 排放,鼓励对资源和能源的回收利用,鼓励在生产和生活中使用不含 VOSc 的替代产品或低 VOCs 含量的产品。

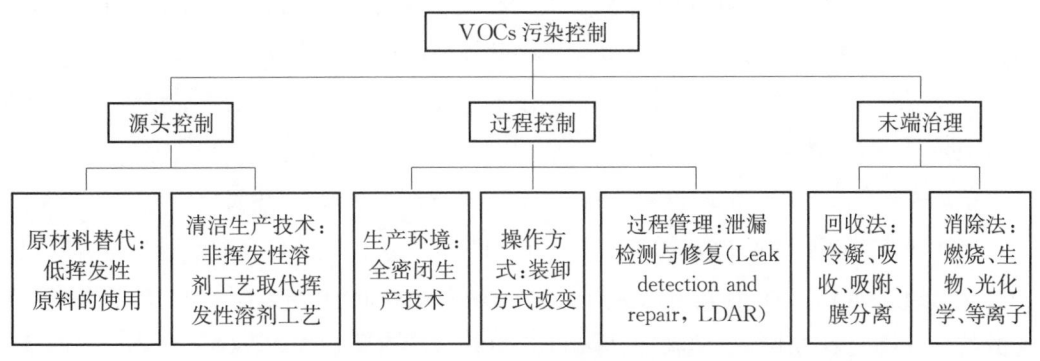

图 2-11　VOCs 污染防治措施

受到生产技术水平限制,以及成本压力,大多数控制 VOCs 排放的方式还只能应用于处理尾气阶段。目前 VOCs 末端治理的方法主要包括回收技术和销毁技术,具体技术分类见图 2-12。

VOCs 的末端治理因污染物的浓度不同而不同,目前我国治理不同浓度 VOCs 的指导方针如表 2-9 所示。从表中可以看出目前我国主要的 VOCs 末端治理技术为吸附技术,市场占比为 38%。

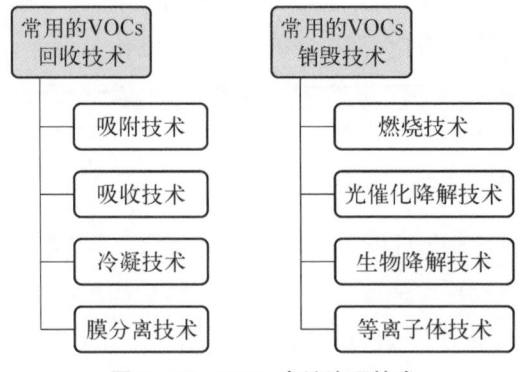

图 2-12   VOCs 末端治理技术

表 2-9   VOCs 废气治理技术(按废气浓度类型分类)

VOCs 废气类型	VOCs 废气治理
高浓度废气	采用冷凝回收、变压吸附。
中等浓度废气	采用吸附技术回收有机溶剂,或催化燃烧和热力焚烧技术并对燃烧后的热量回收利用。
低浓度废气	有回收价值时,采用吸附技术; 无回收价值时,采用吸附浓缩燃烧技术、生物技术或等离子体技术。

(1)高效蓄热式燃烧技术

近年来,我国在催化燃烧技术发展方面已经趋于成熟,中国已有工业应用及推广的实例。对催化燃烧技术而言,采用蜂窝状全效换热器回收低品位热源、进一步优化系统的结构设计及实现标准化、模块化设计是未来的发展趋势,代表性企业包括青岛华世洁环保科技有限公司、北京创导奥福精细陶瓷有限公司、福州嘉园环保股份有限公司等。

蓄热式热氧化器(Regenerative Thermal Oxidizer,RTO),在热氧化装置中加入蓄热式热交换器,在完成 VOCs 废气预热后便可进行氧化反应。现阶段,蓄热式热交换器的热回收率已经达到了 95%,且其占用空间比较小,辅助燃料的消耗也比较少。同时,由于当前的蓄热材料大多选用陶瓷填料,其可处理腐蚀性或含有颗粒物的 VOCs 气体。目前,国内绝缘材料行业和覆铜板生产行业所采用的废气焚烧炉大部分是直燃式焚烧炉,造价低但耗油大。在直燃式焚烧炉中增加蓄热体(蜂窝陶瓷),可以达到节约燃油的目的且费用很低。在直燃式废气焚烧炉中增加蓄热体以后,不仅起到了蓄热的作用,而且还起到了第二个火源的作用,在燃烧机"熄火"状态下,有机废气碰到炽热的蜂窝陶瓷时,就会着火燃烧。蓄热式热氧化处理技术相对于以前的直燃式焚烧处理技术有明显的优势,该技术在国外已经很成熟,但由于成本原因,在我国尚未普及,蓄热式的概念也只在少数工业窑炉上有所体现。

（2）低浓度 VOCs 旋转式沸石吸附浓缩技术

沸石转轮吸附浓缩净化装置可以解决二次污染问题，是目前的科技水平所能够达到的最高水平的废气处理装置。国内的沸石吸附浓缩设备起步较晚，生产企业多以组装、代理为主要经营模式，作为设备核心的沸石吸附单元基本依赖进口，国外具有生产技术的企业也在中国相继设立设备组装厂。不过，国内已有多家高校及科研院所的研发团队对沸石转轮进行了相关研究，包括华南理工大学、浙江大学等，使得中国现有的沸石转轮成型及制备技术水平与国外的差距正在逐步缩小。但是，想要达到并超越国外同类产品，就需要创新性研发转轮制备工艺，形成具有自主知识产权的转轮制备技术。

低浓度 VOCs 旋转式沸石吸附浓缩技术主要分为三个步骤：吸附浓缩、脱附以及氧化。① 吸附浓缩。沸石转轮吸附浓缩净化装置在处理废气时，通过转轮的转动，将废气通过一种高速的状态与沸石接触，使废气能够高效的被沸石吸附。而吸附到沸石上的废气颗粒物主要分为两种：一种是具有挥发性的废气颗粒物，另一种为非挥发性的废气颗粒物，通过对沸石的微加热处理，将两种废气颗粒物分开处理，集中加压浓缩。② 脱附。沸石转轮吸附浓缩净化装置中转轮里被浓缩的饱和沸石利用热交换机提供的热量对沸石进行脱附处理，脱附完成后旋转至冷却区，以常温空气吹嘘冷却至常温，再旋转至吸附浓缩区。③ 氧化。脱附出的高浓度的废气气流，通过沸石转轮的转动，用氧化风机抽送进至蓄热式焚化炉内进行燃烧焚烧处理，排放出被净化过的二氧化碳及水蒸气。燃烧室内的高温气流再被循环送入吸附浓缩处理装置和热交换机中，对沸石进行微加热处理和脱附处理，达到低耗能、循环利用的目的。

沸石转轮技术有立式和盘式之分，其中盘式沸石转轮（Disk Type Rotor，DTR）使用较为普遍，但其操作过程中极易产生沸石损坏的现象，及衍生大量系统维护及转轮更换费用。立式沸石转轮（Carousel Type Rotor，CTR）系统中可提供与传统盘式转轮相等的去除效率，并避免因设计不当而过度损耗沸石，降低系统营运成本。浓缩系统中沸石会随操作情况及运转时间发生耗损，随运转中升温脱附与降温冷却次数增加，沸石与框架的热胀冷缩现象与风蚀作用将导致沸石块边缘逐渐产生间隙，形成短流风道从而影响 VOCs 吸附效率。故浓缩系统中沸石的维护保养对此系统效率的维持相当重要。

（3）生物净化技术

采用生物处理方法处理有机废气，是使用微生物的生理过程把有机废气中的有害物质转化为简单的无机物，比如二氧化碳、水和其他简单无机物等。这是一种无害的有机废气处理方式。一般情况下，一个完整的生物处理有机废气过程包括三个基本步骤：① 有机废气中的有机污染物首先与水接触，在水中可以迅速溶解；② 在液膜中溶解的有机物，在液态浓度低的情况下，可以逐步扩散到生物膜中，进而被附着在生物膜上的微生物吸收；③ 被微生物吸收的有机废气，在其自身生理代谢过程中，将会被降解，最终转化为对环境没有损害的物质。

以甲醛为例,甲醛在微生物中的代谢途径分为同化作用途径和异化作用途径两大类。甲醛的同化作用是 C_1 化合物和多碳化合物之间的羟基化反应,最终产生 C_3 化合物;甲醛的异化作用一般指甲醛的氧化途径,最简单的甲醛氧化途径为通过甲醛脱氢酶将甲醛转化为甲酸,而后反应生成二氧化碳和水,另一种甲醛氧化途径为环化氧化途径,甲醛与 C_5 受体分子结合形成 C_6 化合物进入代谢循环。

（4）低温等离子体净化技术

低温等离子体 VOCs 净化装置（如图 2-13 所示）主要由废气收集系统、废气预处理系统、等离子体反应器、副反应产物收集系统、后处理塔（碱洗塔）、自动控制系统六部分组成。

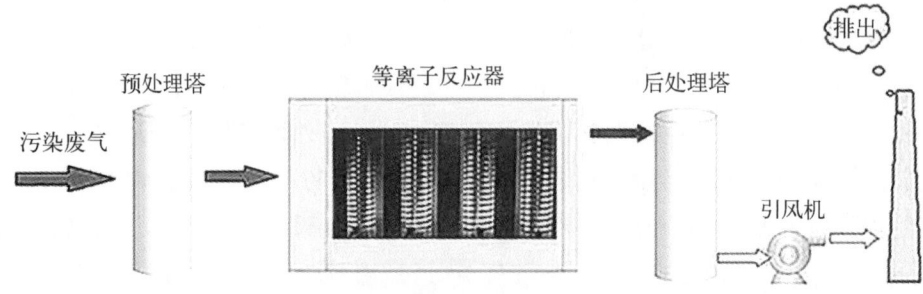

图 2-13　低温等离子体 VOCs 净化装置

国内外对低温等离子体技术在环境保护中的应用原理已有较多的论述,也有很多有关单一有机物降解的实验室研究工作的报道。该技术在国内也得到了应用,但要明确注意使用范围和安全性。2017 年 6 月 20 日天津福明树脂发生环保设备爆炸事故,随后天津市安委会首次提出:对采用"低温等离子"等可能产生点火能的工艺或设备处理易燃易爆挥发性有机物的,要立即停用,并全面进行安全风险评估,严防类似事故再次发生。随后广东、河北、江苏、山西、湖南等多地出台政策针对低温等离子、光催化等低效率的处理工艺均不予认可,对采用低效率处理工艺的企业,增加监察频次及力度;同时国标、地标及行业大气污染物排放标准中明确规定:非焚烧类有机废气排放口以实测浓度判定排放是否达标,并与排放限值比较判定排放是否达标。

因此未来低温等离子体环保技术需要设定使用范围,并在安全性上进行改造,以确保使用安全,才能得到市场的进一步认可。

2.2.2　大气污染防治技术推广历程

目前,我国大气污染防治技术主要涉及脱硫技术、脱硝技术、除尘技术、VOCs 治理等技术。在我国,这几种大气污染防治技术具有相同的推广历程,具有明显发展特征,其发展特征跟中国不同时期的大气污染防治重点和政策有着密切的联系,受当时国家政策和污染治理需求的影响较大。脱硫技术、脱硝技术、除尘技术在我国发展相对较早,技术较成熟,推广应用也较为成熟。VOCs 治理技术是近几年才开始受到人们的关注,技术推广发展大致经过了萌芽期、发展期、爆发期、平稳期。技术推广应用得到了良好的发展。技术发展历程即反映了技术推广扩散的情况,因此技术发展不同时期,对应了不同技术推广扩散阶段,即萌芽期对应成长期,发展期对应推广期,成熟期对应爆发期,平稳期对应衰退期,不同发展阶段显示了技术的成熟度、推广度和市场占有度。

本节对四种主要大气污染防治技术的推广历程进行梳理,介绍各个治理技术在不同发展时期的发展特点和当时的政策背景。

2.2.2.1 脱硫技术推广历程

我国脱硫行业的发展与国家大气污染物强制减排政策高度关联,脱硫行业的发展推动力皆源于日益严格的强制减排政策。中国脱硫行业发展历程如图 2-14 所示。

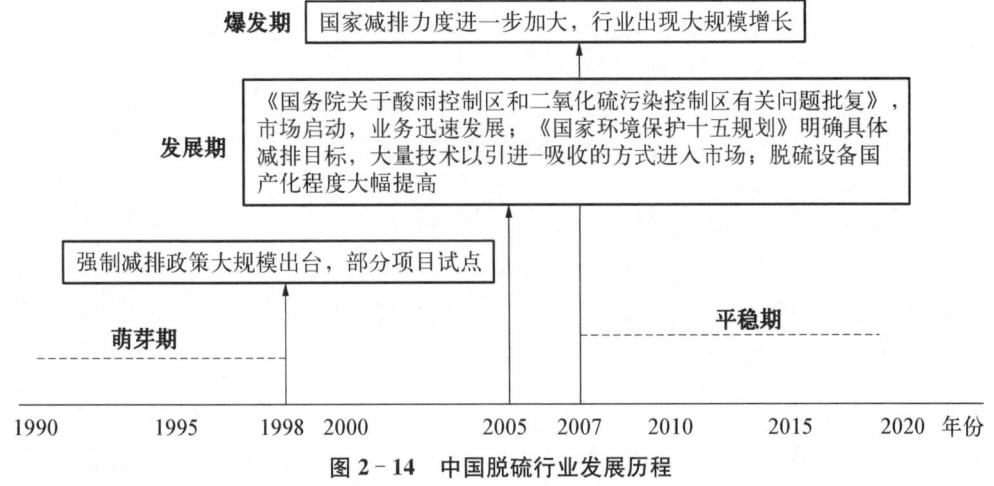

图 2-14 中国脱硫行业发展历程

火电脱硫行业经过井喷式发展,火电脱硫装机容量从 2005 年的 396 万 kW,增长到 2015 年末的 8.2 亿 kW,占全国火电机组容量的 82.8%。虽然火电机组脱硫安装率较高,但大量机组执行排放标准仍为 2003 年版《火电厂大气污染物排放标准》,不能满足新的排放标准,存在升级改造需求。以 2014 年 7 月环保部发布的《京津冀及周边地区重点行业大气污染限期治理方案》相关要求为例,要求京津冀及周边地区 492 家企业、777 条生产线或机组全部建成满足排放标准和总量控制要求的治污工程,设施建设运行和污染物去除效率达到国家有关规定,二氧化硫、氮氧化物、烟粉尘等主要大气污染物排放总量均较 2013 年下降 30% 以上;燃煤机组必须安装高效脱硫、脱硝除尘设施,不能稳定达标的要进行升级改造;2014 年底前,京津冀区域完成 94 台、2 456 万 kW 燃煤机组脱硫改造。

综上所述,随着 2011 年版《火电厂大气污染物排放标准》的全面实施,以及国家对钢铁、水泥等重点行业制定的更严格的大气污染排放标准,脱硫行业将迎来新一轮增长期。

2.2.2.2　脱硝技术推广历程

同脱硫行业发展相似,中国火电烟气脱硝行业起源于国家大气污染物的强制减排,但起步时间晚于脱硫行业。中国脱硝行业发展历程如图2-15所示。

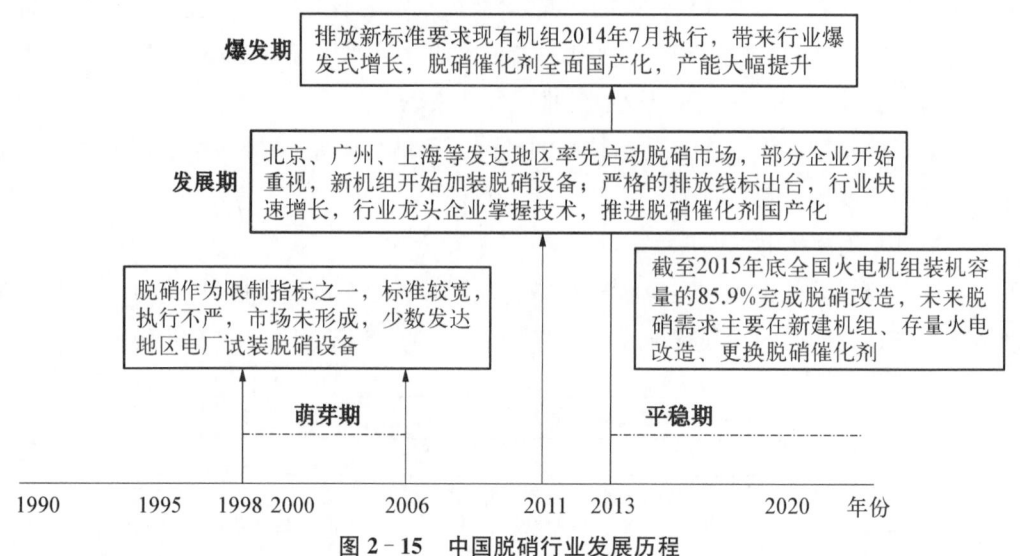

图2-15　中国脱硝行业发展历程

2011版《火电厂大气污染物排放标准》要求新建机组2012年1月1日起,已有机组2014年7月1日起执行新的氮氧化物排放标准,导致了脱硝行业的爆发式增长。根据中电联统计数据,截至2015年末,已投运火电厂烟气脱硝机组容量约8.5亿kW,占全国火电机组容量的85.9%。

经过国家强制排放政策引致的行业爆发期后,脱硝行业竞争日益激烈。但基于以下因素,预计行业仍将保持较高需求:截至2015年末,存量火电机组仍有14%尚未安装脱硝装置,相应需配备首次装置所需的脱硝催化剂;SCR脱硝催化剂使用寿命约24 000小时(相当于3年左右),到期需予以更换,由此带来的更换需求将确保较广阔的市场空间,且更换需求相较首次装置需求的释放速度相对平滑,有助于行业的平稳发展;2014年5月16日,环保部、国家质量监督检验检疫总局发布《锅炉大气污染物排放标准》2014版,对于火电燃煤锅炉范畴之外的,单台出力65 t/h及以下蒸汽锅炉和各种容量的热水锅炉、有机热载体锅炉、层燃炉和抛煤机炉提出了氮氧化物排放浓度要求,将催生脱硝行业新的市场空间。

2.2.2.3　除尘技术推广历程

中国电除尘行业大致经历了如图2-16所示的发展历程。

目前,中国绝大多数燃煤电厂锅炉尾部烟气治理岛的工艺流程由SCR脱硝、干式ESP(Electrostatic precipitator)、湿法脱硫系统(Wet Flue Gas Desulphurization,WFGD)组成,烟气经脱氮、除尘脱硫处理后直接进入烟囱排放。但SCR脱硝在脱除氮氧化物的

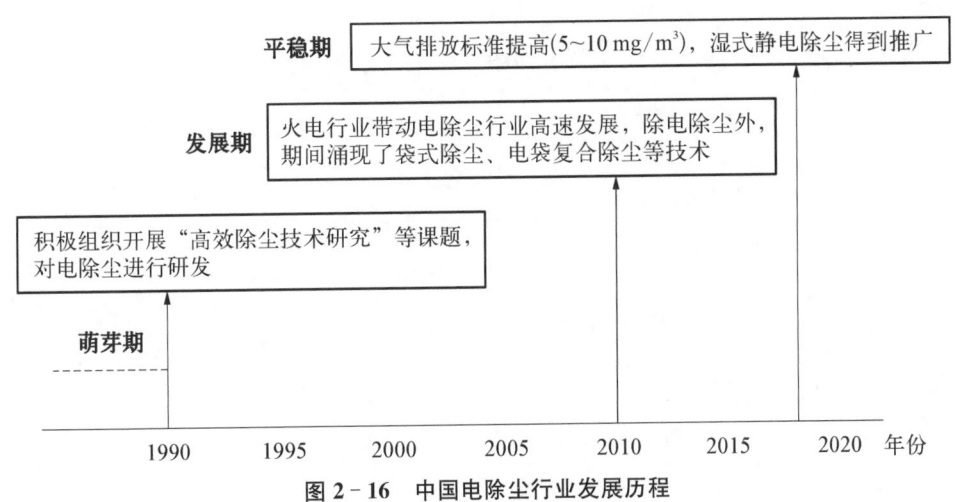

图 2-16　中国电除尘行业发展历程

同时,二氧化硫转化为三氧化硫的副反应使烟气中三氧化硫含量显著增加,实际运行中还会产生氨气,以致三氧化硫和逃逸的氨气不能被有效去除,从而导致石膏雨和酸雾。

此外,2013 年的全国性大范围雾霾(以 $PM_{2.5}$ 为主)引发了全民关注,政府出台了一系列治霾措施。2013 年 9 月国务院发布的《大气污染防治行动计划》提出经过 5 年努力,使全国空气质量总体改善。具体指标为:到 2017 年,全国地级及以上城市可吸入颗粒物浓度比 2012 年下降 10% 以上,优良天数逐年提高;京津冀、长三角、珠三角等区域细颗粒物浓度分别下降 25%、20%、15%。颗粒物减排(特别是重点区域)成为未来 3~5 年内大气治污的重中之重。

2014 年 9 月出台的《煤电节能减排升级与改造行动计划(2014~2020 年)》要求东部地区(辽宁、北京、天津、河北、山东、上海、江苏、浙江、福建、广东、海南等 11 省市)新建燃煤机组大气污染物排放浓度基本达到燃气轮机组排放限值(即 5~10 mg/m³);到 2020 年东部地区现役 30 万 kW 及以上公用燃煤发电机组、10 万 kW 及以上自备燃煤发电机组以及其他有条件的燃煤发电机组,改造后大气污染物排放浓度基本达到燃气轮机组排放限值。

目前雾霾等环境事件频发,大气污染复合污染物治理成为亟待解决的问题。以火电环保为代表,在经历除尘(低标准)、脱硫("十一五")大规模改造以及脱硝市场启动(2011 年以来)之后,可预期的未来烟气治理行业将依次或叠加出现脱硝改造、脱硫除尘提标改造、重金属和复合污染物的控制等重点治理工程,其中以烟尘为主的颗粒物治理(微细颗粒物、重金属、复合污染物等)将成为重点工程之一。湿式静电除尘器作为高效除尘的终端精处理设备,具有控制复合污染物的功能,对微细、黏性或高比电阻粉尘及烟气中酸雾、气溶胶、石膏雨微液滴、汞、重金属、二噁英等的收集具有较好效果,预计未来在解决大气复合污染物排放领域将得到长足发展。

2.2.2.4　VOCs 防治技术推广历程

中国的 VOCs 防治技术大致经历了如图 2-17 所示的发展历程。

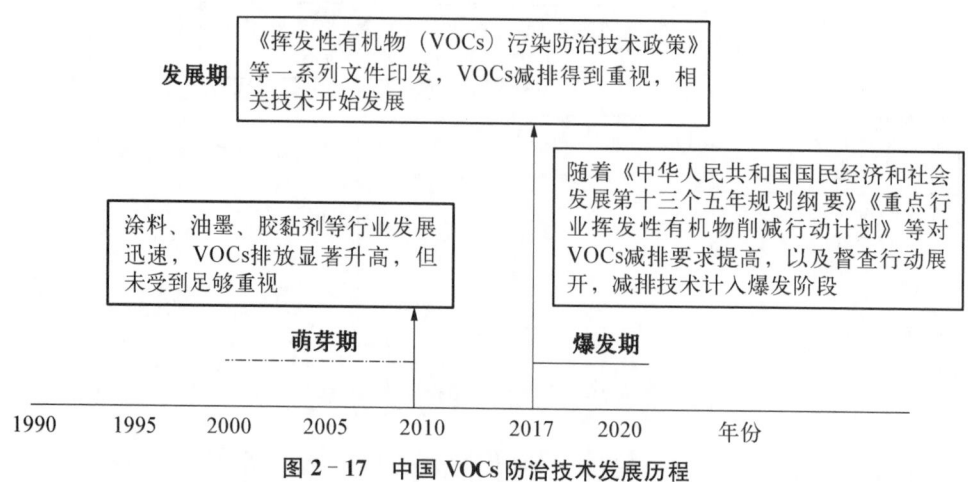

图 2-17　中国 VOCs 防治技术发展历程

中国 VOCs 管控起步较晚,起初连 VOCs 概念都不明确,主要通过监测分析方法判断以非甲烷总烃、总烃、总挥发性有机化合物等来表征,因此 VOCs 治理一直是大气污染控制的难点和痛点。2010 年国家发布了《关于推进大气污染联防联控工作改善区域空气质量的指导意见》,首次把 VOCs 列入防控重点,VOCs 防治技术发展进入萌芽期。2012 年修改后的《环境空气质量标准》(GB 3095—2012)正式将 VOCs 纳入标准,从此 VOCs 管控有理有据了,VOCs 防治技术进入了发展期。2012 年国务院出台了《重点区域大气污染防治"十二五"规划》提出了石化、化工、油气回收等重点行业 VOCs 综合整治,自此,VOCs 污染防治工作全面开展。随后,各种 VOCs 管控规划、方案陆续出台,以及 2017 年环保部大气污染防治强化督查,将 VOCs 企业列为主要督查对象,督查两个月就发现了上千家涉 VOCs 治理问题,因此 VOCs 到了不得不治理的阶段,企业再无侥幸心理,VOCs 防治技术发展进入了爆发期。VOCs 防治技术推广也遇到了前所未有的机遇,我们应该抓住机遇,加快技术推广和应用。

2.3　大气污染防治技术推广存在的问题

我国环保技术转移与推广处于起步阶段,对技术转移相关法律的认识相对薄弱,技术推广市场相对混乱,技术难以筛选,如 VOCs、污泥处置等环保技术还处于"优不胜劣不汰"的状态,多数技术推广表现为"王婆卖瓜,自卖自夸",没有很好的效果评估和推广体系,优秀技术得不到很好的推广和转化。环保产业主要靠一些大型企业带动,中小企业的发展潜力没有被充分激发,致使产品的供应能力和市场反应能力受到限制,技术需求和供给匹配难、效率低。环保产业尚未形成体系和规模,技术推广能力欠缺、有效推广难、市场混乱,推广效果不佳。政府对技术推广的支持力度尚不够大,法律制度、市场机制、推广模式等仍不健全,技术推广面临一定的问题和挑战。

2.3.1　缺乏完善的法律、政策体系和监督机制

发达国家环保产业及环保技术转移及推广主要依靠政府的推动,通过完善全面的法律体系、宏观的政策制度、广泛的行业标准等方式引导和监管技术推广市场,为技术推广体系的建设和发展起到有效的协调和推动作用。环保产业有别于其他产业发展,对政府依赖性更强,而中国尚没有比较完善的法律、政策体系。目前,技术推广政府机构偏于技术评估,缺乏技术推广的支持政策,应加大对技术推广配套政策的重视,为环保技术推广的发展提供良好的政策环境和监督保障。

2.3.2　缺乏系统化的技术推广模式和服务体系

国内目前已有一些技术推广服务中介机构,提供技术信息发布平台,但由于技术推广服务中介平台管理不规范,平台展示的技术信息参差不齐,技术数目繁杂,服务水平不高,推广模式不清晰,大多技术推广停留在技术展示、宣传层面,实地落地少而难。此外,技术推广服务机构与研发机构及高校联系不够紧密,对技术了解不透彻,不能承担技术直接推广工作,无法完成科研与产业紧密结合,造成信息沟通不畅,不能完成对技术的有效转移。建议深入研究国外技术推广模式的发展历程,扬长避短,充分借鉴国外优秀的技术推广发展经验,选取合适的技术推广方式方法,形成适配中国国情的技术推广模式和服务体系。

2.3.3　缺乏环保技术推广人才队伍

在技术推广过程中,科研工作者的工作重心主要在科研成果上,不重视将技术向市场推广,且不具备市场基础以及团队、资金等市场能力,技术与市场推广脱节,降低了技术推广效率,导致具有高水准的技术推广受到限制。中国应尽快提起重视,加快培育环保技术推广人才,开展技术转移人员和管理工作的培训,提高技术转移从业人员的业务能力和整体素质。

综上,中国因为起步较晚,目前环保技术推广仍然存在一定的问题和挑战。但近几年,国家已经开始加大对科研技术创新、推广相关的法律体系建立、机构组建、资金扶持和队伍建设等工作的重视,从国家到地方都开始完善技术推广相关的法律、法规,开展机构协助,同时强化环保铁军队伍建设,从各方面加强力度,以保障技术推广市场的运行秩序,为环保技术推广提供有力的保障和支持。因此,未来环保技术推广将会越来越顺畅,将能更高效地服务于大气污染防治,为大气污染防治攻坚战提供支持。

2.4 小结

环保行业是政策驱动型行业,因此我国污染防治行动也给环保企业带来了新机遇,当市场需求随着政策、标准的加严而不断变化,技术的储备成为关键。需要提前预测政策趋势,根据市场的快速变化,积极储备、集成技术。本章概述了国内外大气污染防治技术、产业现状和技术推广情况。我国污染防治技术经历了萌芽、发展、爆发、平稳期几个阶段,技术的发展与国家大气污染物减排政策关联度较高。目前,我国环保技术转移与推广处于起步阶段,仍然存在诸多问题,如缺乏完善的法律、政策体系、监督机制,缺乏系统化的技术推广模式和服务体系,缺乏技术推广人才队伍等。我国大气污染防治技术推广面临一定的问题和挑战,需要借鉴国际经验。

一是实施双轨制,同步推动大气环境质量标准和减排措施落实。一方面通过持续立法限定大气污染物浓度,另一方面采取具体减排措施同步落实减少污染物总排放和特定污染源及特定领域的排放量。制定大气防治质量标准,为加强应对大气质量问题而制定政策。

二是学习欧盟持续制定环境行动计划,并不断调整相应的环境政策。欧盟于 2005年,提出了一份为期 15 年的提升空气质量计划——"欧洲洁净空气计划"(CAFE),CAFE计划的核心是在 2000~2020 年间实施一系列减少重要污染排放的目标。其中 SO_2 的排放减少 82%,NO_x 排放减少 60%,VOCs 排放减少 51%,NH_3 排放减少 27%,$PM_{2.5}$ 排放减少 59%,并计划在 2020 年以前,每年花费约 71 亿欧元用于大气污染治理。

三是积极推进国际技术交流。欧洲在大气污染对人体健康和生态系统的影响领域开展了长期的、持续性的研究工作,积累了大量的数据资料和研究成果,特别是在大气污染暴露评价和健康效应早期识别技术、大气细颗粒物对人体健康的急性和慢性健康损伤的暴露-反应关系、典型城市群大气污染的健康风险等方面,建议中欧加强合作研究。

第3章

大气污染防治技术推广压力-状态-响应(PSR)模型分析

3.1 大气污染防治技术推广的主要影响因素分析

根据影响机制及影响效果的不同,可以将影响大气污染防治技术推广的因素分为三类,即压力类因素、状态类因素及响应类因素。本章以全国、江苏省的三类影响因素的相关数据为基础,对大气污染防治技术推广的主要影响因素和驱动力进行分析。

3.1.1 大气污染防治技术推广的压力因素分析

通过压力溯源,造成大气污染防治技术推广的压力因素,总体上可以分为以下四类:社会经济发展带来人民生活水平提高,对大气环境质量提升的意愿的压力;大气污染防治技术的市场需求的压力;空气质量问题的压力以及生态环境和人类健康等问题的压力。

3.1.1.1 社会经济发展压力

从人口密度上来看(图3-1),全国及江苏省的常住人口在2000~2014年之间经历了

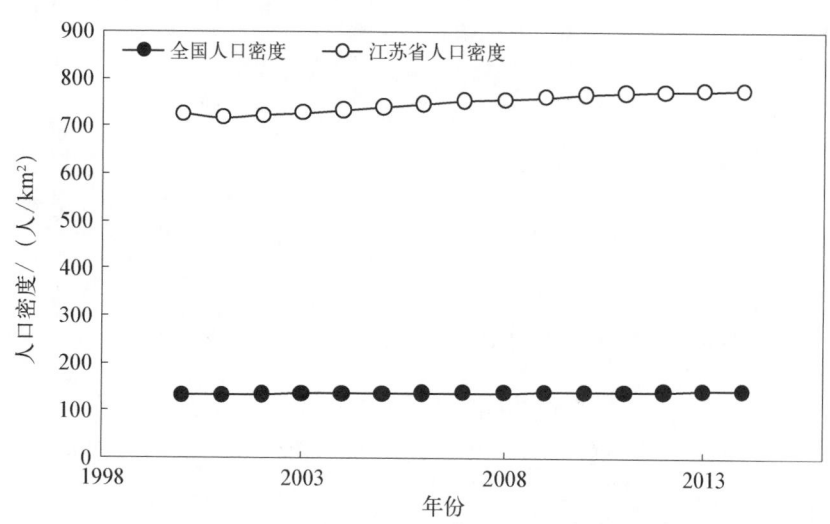

图3-1 2000~2014年全国及江苏省人口密度变化

较为明显的增长,尤其全国常住人口总量历年呈稳定的直线增长(图3-2和图3-3)。未来随着人口的增加,加之人民群众对大气环境改善意识和需求的提高,大气环境治理工作亟待强化,大气污染防治技术推广将面临更大的诉求和市场。

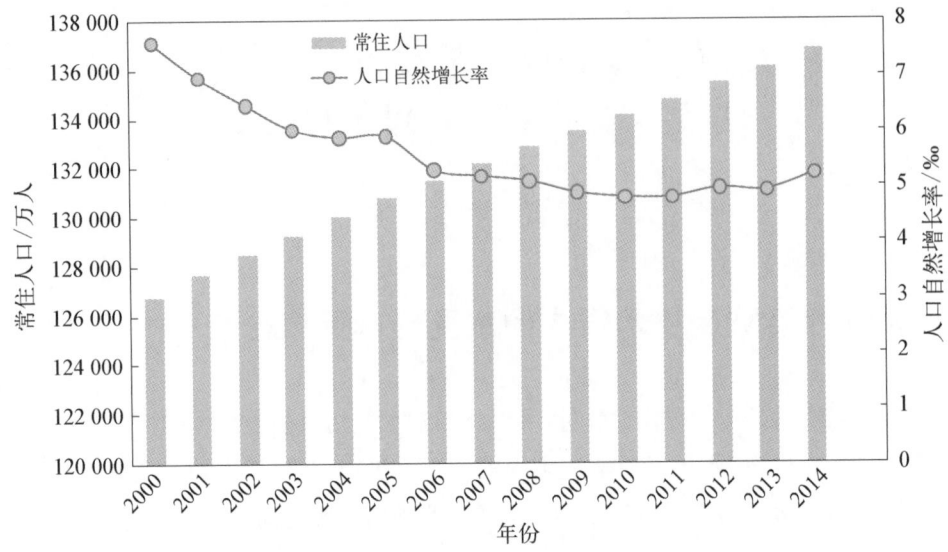

图3-2　2000～2014年全国常住人口总量和人口自然增长率

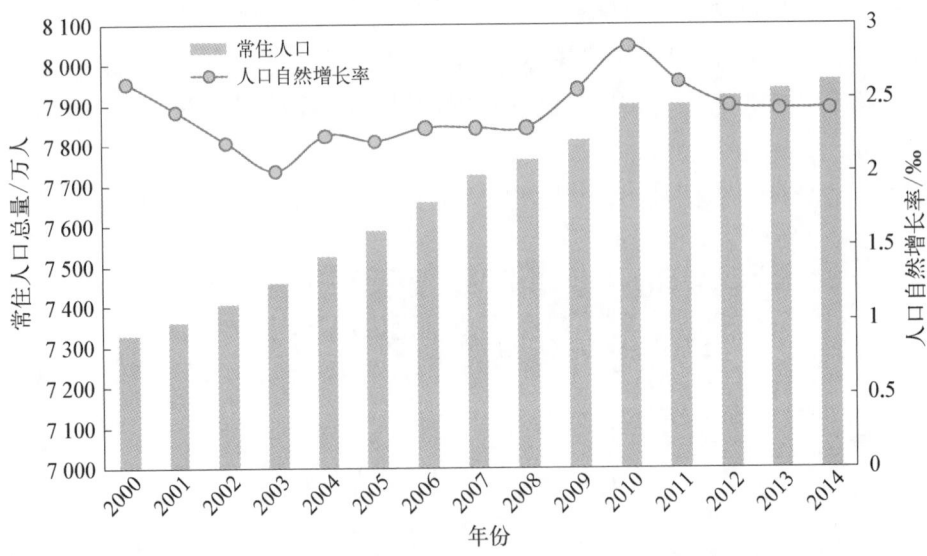

图3-3　2000～2014年江苏省常住人口总量及人口自然增长率

从全国及江苏省的国内生产值GDP(Gross Domestic Product)、人均GDP变化情况看,2000～2014年之间,GDP同样经历了较为明显的增长(图3-4),单位GDP能耗却呈明显的下降趋势,且全国能耗要高于江苏的水平(图3-5)。GDP总量及人均GDP的增长意味着全国及江苏省针对大气环保研发及产品生产具备更大投资能力,对大气污染防治技术的推广具有一定的促进作用。单位 GDP 能耗的下降可从侧面反映中国当前能源结构管理初现成效,由能源问题带来的大气环境污染问题理论上也会相应减少。

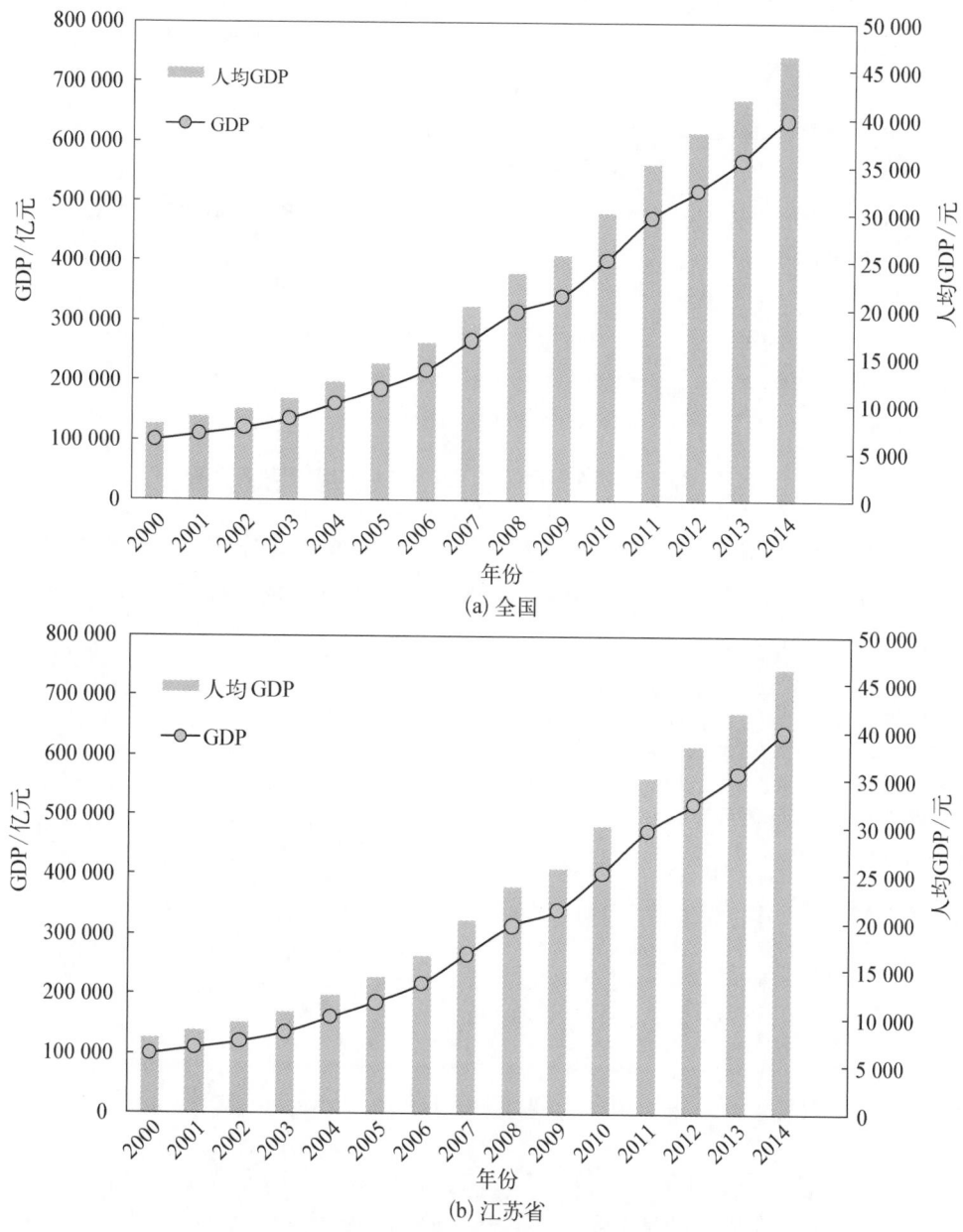

图 3-4　2000~2014 年全国及江苏省 GDP 及人均 GDP

3.1.1.2　市场需求压力

从治理设施数量来看,中国废气治理设施已在不断完善,全国自 2005 年以来,废气治理设施总量呈现逐年稳定增长趋势,废气治理设施数量在 2008 年时只有 174 164 套,2010 年已突破 18 万套,到 2014 年增加至 544 230 套;全国废气脱硫治理设施数量

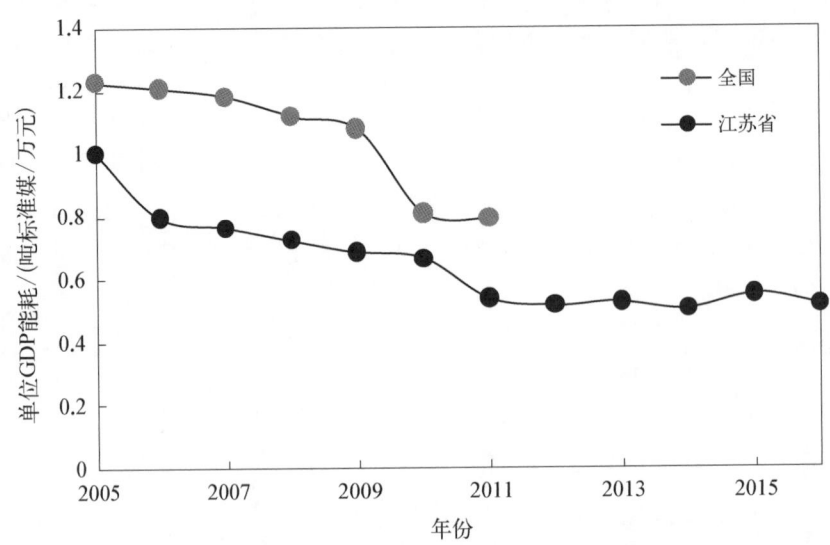

图 3-5　2005～2016 年全国和江苏省单位 GDP 能耗变化图

自 2001 年以来逐年增加,2010 年超过 2 万套,意味着整体处理应对能力也在不断提高(图 3-6)。可见,全国废气治理设施市场需求稳定增加,技术推广工作前景良好且亟待继续完善。

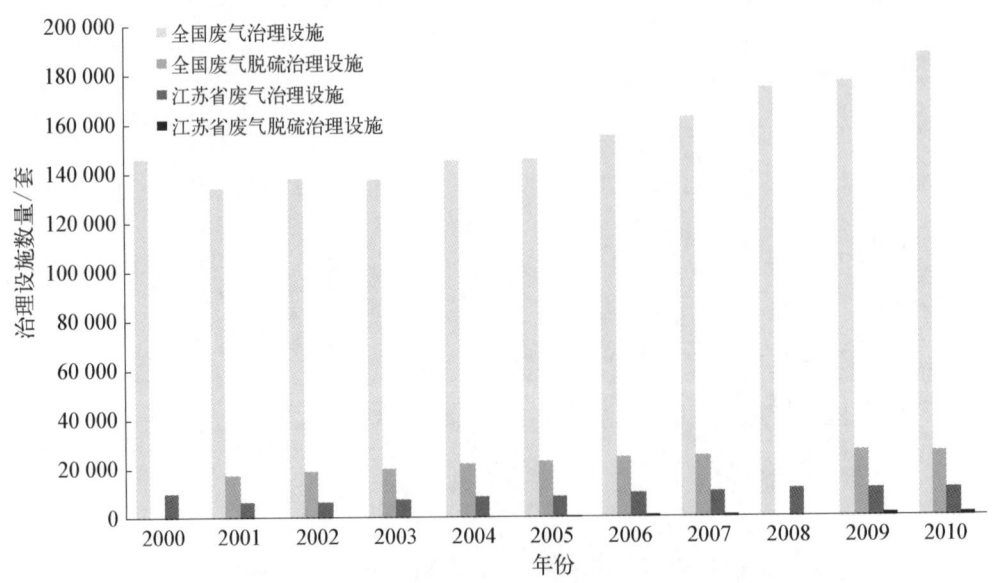

图 3-6　2000～2010 年全国及江苏省废气治理和废气脱硫治理设施数量

从行业分布情况来看,2005～2010 年期间,全国废气治理设施主要集中在石油加工业和纺织业(图 3-7),脱硫设施主要分布在家具制造业及印刷业(图 3-8)。上述工业行业是未来大气污染防治技术推广的重点。

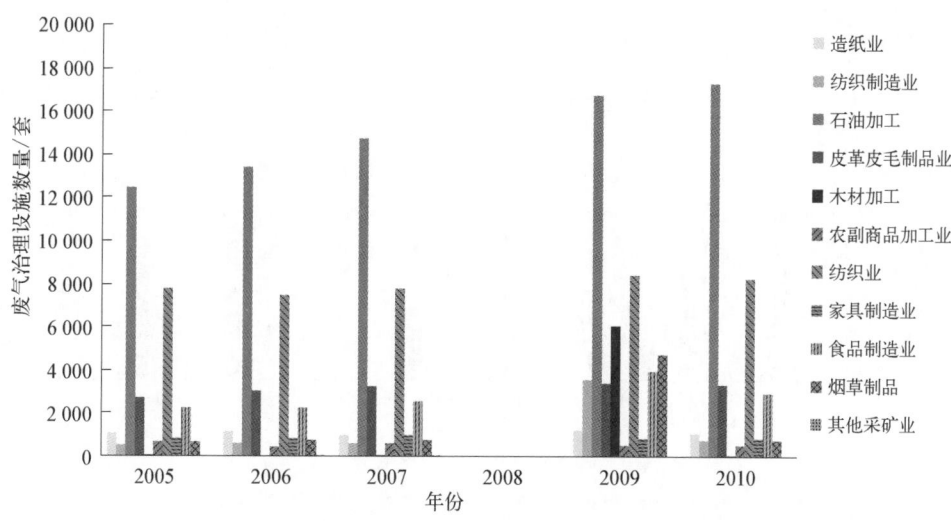

图 3‑7　2005~2010 年全国废气治理设施数量行业分布

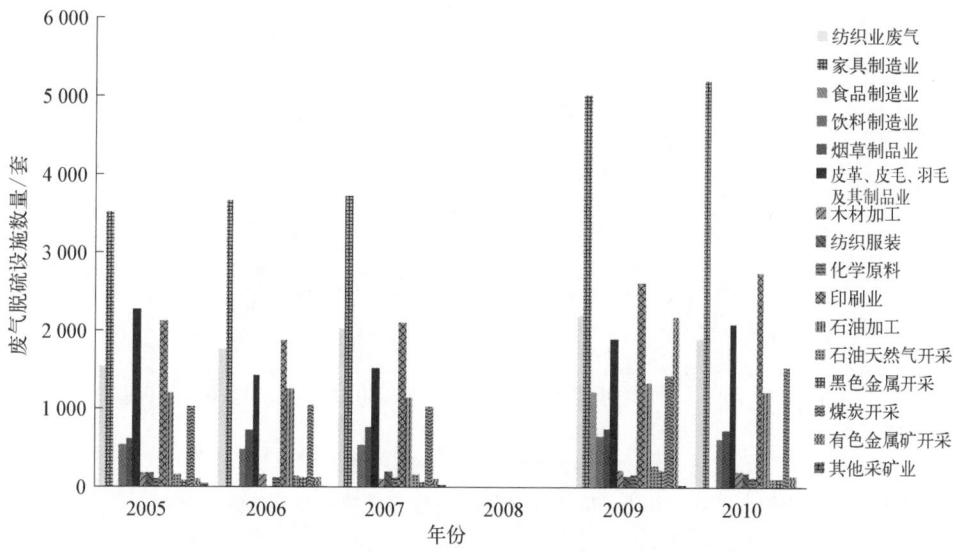

图 3‑8　2005~2010 年全国废气脱硫设施数量行业分布

3.1.1.3　空气质量压力

2011 年以来,我国二氧化硫和氮氧化物排放量呈现明显下降趋势,减排效果显著,烟粉尘排放量略有波动,整体保持稳定(图 3‑9)。

全国工业废气排放量整体呈增长趋势。2001—2011 年工业废气排放量增长幅度较大,2012 年工业废气排放量首次出现负增长,与 2011 年相比下降 5.78%。2012—2014 年工业废气排放量呈现缓慢增长趋势(图 3‑10)。

2000 年以来,全国及江苏省工业二氧化硫排放量整体呈现降低趋势,工业二氧化硫去除率不断提高(图 3‑11)。同样地,在此期间,全国及江苏省工业烟尘排放量整体呈现下降趋势(图 3‑12)。

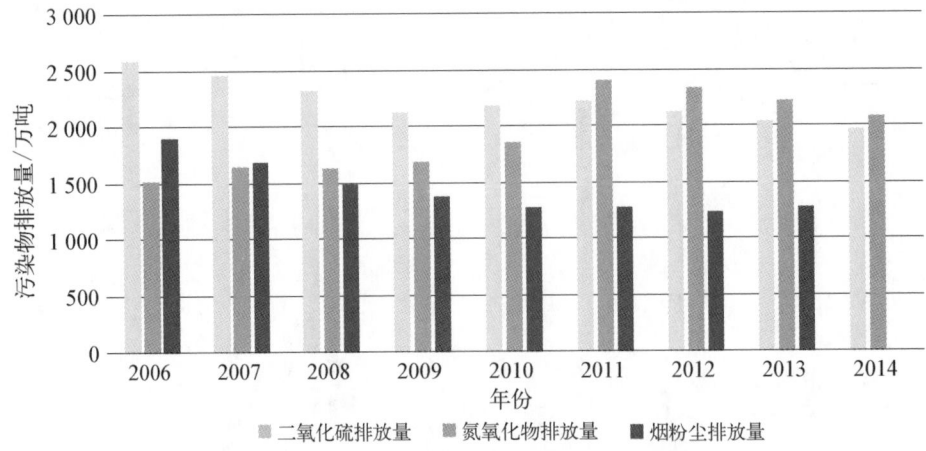

图 3‑9　2006～2014 年全国大气污染物排放情况

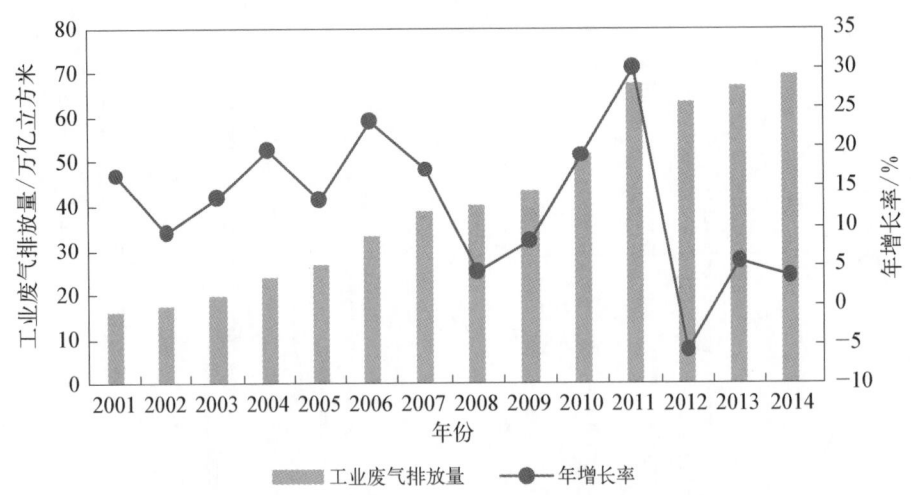

图 3‑10　2001～2014 年全国工业废气排放量及其年增长率

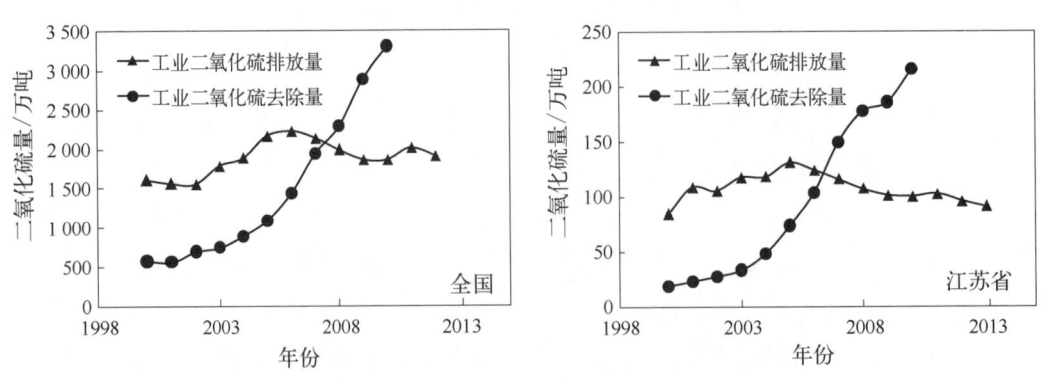

图 3‑11　2000～2013 年全国及江苏省工业二氧化硫排放量及去除率

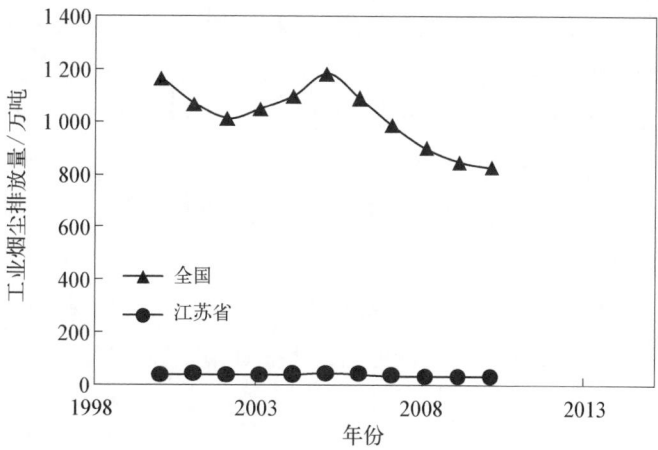

图 3－12　2000～2010 年全国及江苏省工业烟尘排放量

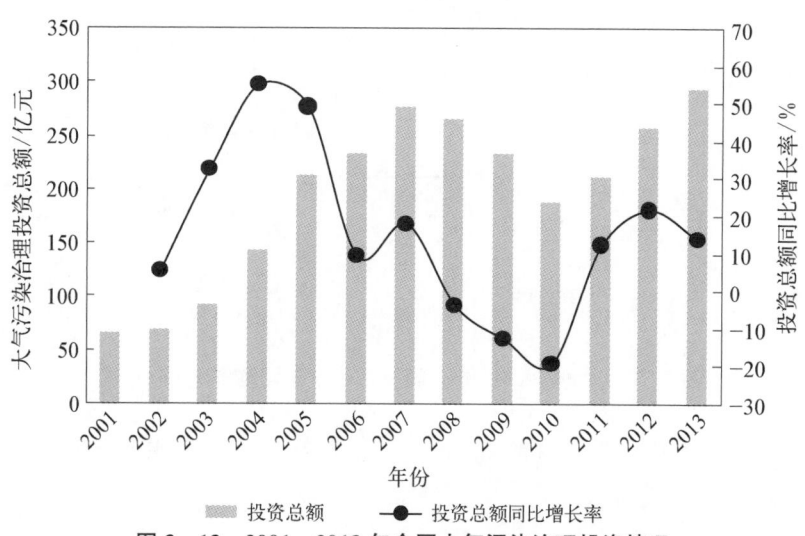

图 3－13　2001～2013 年全国大气污染治理投资情况

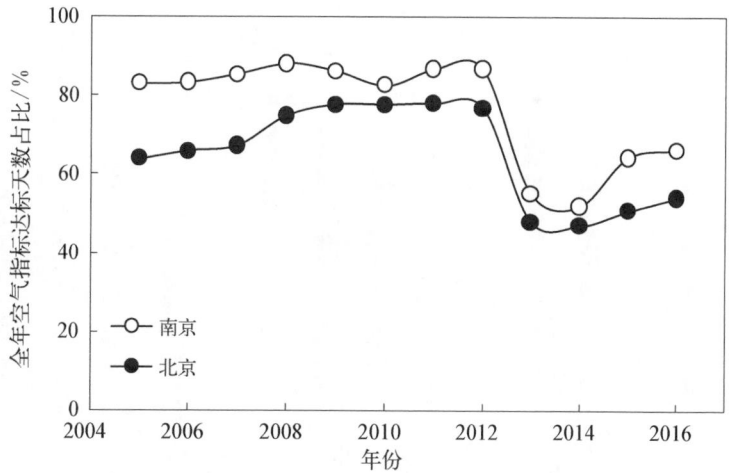

图 3－14　2005～2016 年北京市、南京市空气质量达标天数占比

全国大气污染治理投资情况方面,自 2010 年以来,投资总额逐年显著增长,2013 年达到 300 亿元左右,国家对大气污染治理愈加重视,投资力度越来越大(图 3-13)。

通过分析北京市和南京市空气质量情况可知,2005～2012 年两城市整体状况较好,2012 年空气指标达标天数分别可达全年的 70%、80% 以上。2013 年空气质量恶化严重,达标率降到 60% 以下,近年情况有所好转,但整体不容乐观,大气环境治理压力较大(图 3-14)。

3.1.1.4   生态环境及人体健康

从生态环境来看,全国及江苏省森林覆盖率呈现稳定的增长趋势(图 3-15)。2014 年全国森林覆盖率已达到 20% 以上,间接反映生态环境整体呈现改善趋势。

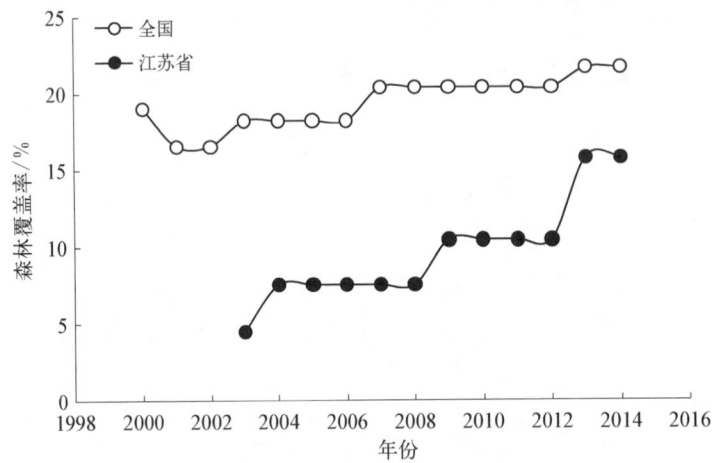

图 3-15   2000～2015 年全国及江苏省森林覆盖率变化情况

2000～2014 年期间,全国城市、农村呼吸系统疾病死亡率整体呈现下降趋势,但变化趋势并不明显,死亡率整体还维持在较高的水平(图 3-16)。

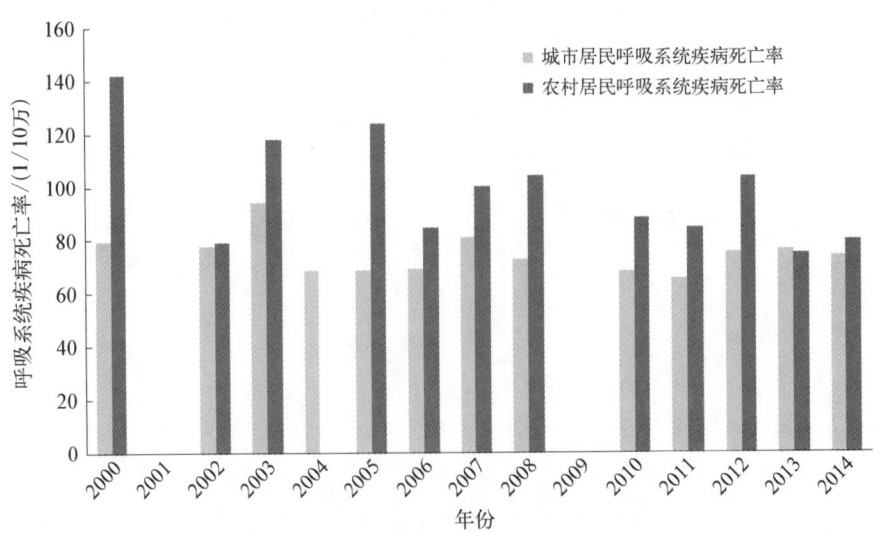

图 3-16   2000～2014 年全国城市和农村居民呼吸系统疾病死亡率变化情况

根据相关研究结果表明,到 2017 年,全国因实施《大气污染防治行动计划》而减少的慢性死亡人数平均约为 11.06 万人。其中,河北省因实施《大气污染防治行动计划》减少的死亡人数最多。呼吸系统有关疾病的患病人数也因而下降,其中急性支气管炎尤为突出,到 2017 年全国由于《大气污染防治行动计划》的实施而减少的急性支气管炎患病人数为 210.59 万人。损失寿命的分析结果显示,行动计划实施后,全国各省损失寿命年限均下降,即寿命有延长趋势。综合看来,男性寿命延长年限在 0.24～1.48 年之间,女性则为 0.34～3.48 年。总体寿命延长最显著的是京津冀地区,明显高于其他省市,特别是北京市,各项寿命延长年数均位居第一,这样的结果与北京市 $PM_{2.5}$ 浓度基数高以及其相较其他地区更严格的减排要求有关。年龄≤65 岁人寿命变化量较老年人(年龄＞65 岁)更为突出,其寿命增加范围分别为 0.37～3.77 年与 0.2～1.19 年。

到 2017 年,三大重点区域——京津冀、长三角、珠三角地区严格实施《大气污染防治行动计划》,可极大改善人群健康水平,实现寿命延长效益,京津冀、长三角、珠三角地区可避免的慢性总死亡人数分别达到 3.15 万人、2.80 万人、0.46 万人。相比于其他城市来说,重点城市如北京、上海、广州等所获得的健康收益是最大的,这与其密集的人口、污染的程度不乏相关性。从不同的健康终端来看,到 2017 年三大重点区域中急性支气管炎的患病人数减少量最为明显,远高于呼吸系统疾病的死亡人数,这是因为急性支气管炎发病期较短,而呼吸系统疾病致死的周期较长,因此短期内空气质量改善对急性支气管炎发病率的降低效果是显著的,但同时也不能忽视污染降低对死亡率改善的潜在长期效应。

3.1.2　大气污染防治技术推广的状态因素分析

3.1.2.1　大气污染防治技术水平

大气污染防治技术水平主要包括处理废气的设备平均使用寿命以及技术操作的难易程度,除尘率以及除尘成本等。

1. 废气治理设备平均使用寿命

不同的废气治理设备有不同的使用寿命,比如袋式除尘器滤袋使用寿命为 2 万多小时,电袋组合除尘器滤袋使用寿命一般约为 30 000 小时,活性炭吸附塔使用年限为 3～8 年,脱硝催化剂使用寿命为 24 000 小时。根据市场经验,废气治理设备的使用寿命以 20 000 小时为基准,每年按照 1% 增加。

2. 废气处理达标率

废气治理设备的处理达标率也随着设备不同而不同。如 TYDM 系列圆筒脉冲布袋除尘器的除尘效率可达 99.5%,UF 型单机布袋除尘器出口气体含尘浓度达到国家排放标准,XD-II 型多管旋风除尘器除尘效率达 95%。此外,北京清新环境技术股份有限公司的单塔一体化脱硫除尘深度净化技术和 SCR 烟气脱硝技术使烟尘、SO_2 和 NO_x 排放浓度分别达 3 mg/m³、1.61 mg/m³ 和 16.2 mg/m³，优于燃气机组大气污染物排放标准（烟尘≤5 mg/m³，SO_2≤35 mg/m³，NO_x≤50 mg/m³）。因此，可认为以国家排放标准为基础，大气污染物防治技术的达标率可达到 95%。

3. 大气污染防治治理成本

根据 1990～1996 年的《中国环境统计公报》数据，平均每单位废气的处理费用为 0.000 221 元/立方米。另外，根据国务院印发的国家发展改革委会同有关部门制定的《节能减排综合性工作方案》，按照补偿治理成本原则，提高排污单位排污费征收标准，将二氧化硫排污费由目前的 0.63 元/千克分三年提高到 1.26 元/千克。

3.1.2.2 推广方式

目前，中国大气污染防治技术常见的推广方式有产学研结合、政府推广和技术平台推广等方式。到目前，中国科技技术的转化仍强调大学、科研院所的科技成果向企业转化。其转化方式主要包括研究机构直接转化、向企业转让、联合转化与扩散等。环保产业的出路在于企业的规模化、专业化和市场化。除了产学研结合技术推广外，政府会通过编制大气污染防治技术清单进行技术推广。政府也会通过价格、税收、信贷等经济手段对大气污染防治技术的推广提供激励措施。此外，一些网络平台也会进行大气污染防治技术的推广，为社会化的技术筛选、评优提供展示平台和评估服务，进而提高社会的环保综合效益。在进行 PSR 相应模型的指标建立时，应将不同推广方式的占比列为指标。

3.1.2.3 技术管理

大气污染防治技术的推广也受到技术管理层面的影响，包括第三方运营费用占治理费用比例、环境保险比例等。一些第三方大气污染防治技术公司对承接的大气污染防治项目的工艺流程的运营和维护过程会聘请第三方运营机构进行，属于技术的运营维护成本内容。

此外，一些企业会购买环境保险，这对大气污染防治技术的积极推广有着重要意义。"环境污染责任保险"是以企业发生污染事故对第三者造成的损害依法应承担的赔偿责任为标的保险。环境责任保险又被称为"绿色保险"，它是整个责任保险制度的一个特殊组成部分，也是一种生态保险，投保人以向保险人缴纳保险费的形式，将突发、意外的恶性污染风险或累积性环境责任风险转嫁给保险公司。如 2010 年，江苏省苏州环保部门牵头 66 家化工、印染、水处理等高危风险型企业，与保险公司签订环境污染责任保险合同，投保额总计 1.32 亿元。企业保费约 5 万元/年，一旦发生事故，可获得最高 200 万元的保额支持，以及时赔付受害人，保护第三方社会公众的利益，从而避免"企业污染、政府担责、群众受害"。2013 年 2 月，环保部与中国保监会联合印发了《关于开展环境污染强制责任保险试点工作的指导意见》，要求我国经营高环境风险的企业强制购买环境污染责任保险。我国环境污染责任保险试点推行以来，取得了很大成效，2014 年已经有 5 000 家企业投保。但目前环境污染责任保险制度发展面临"双轨制"困境,一方面,环境污染责任保险制度以政策试点形式间接强制推行;另一方面,其在法律性质上仍属于任意保险,保险条款、费率等方面仍遵循普通商业保险规则运作,由此产生市场公平问题、投保动力不足问题、赔付率过低现象等。2017 年 6 月,环保部与中国保监会联合研究制定并发布《环境污染强制责任保险管理办法(征求意见稿)》,预示环境污染保险即将全面推广,也会对未来大气污染防治技术的推广产生深远影响。因此,我们将环境污染保险的保费占 GDP 比重列为状态因子之一。

3.1.3　大气污染防治技术推广的响应因素分析

响应层面主要包括政府、企业以及个人三个层面。受到经济活动、大气污染以及大气污染防治技术推广等压力和现状情况而做出的响应,主要达到以下三个目的:一是对大气污染防治技术推广的促进作用和抑制作用;二是改善或者加剧已经发生的大气污染环境状况;三是保护自然资源。衡量响应层面的反映指标包括环保投资、环境税、大气污染防治研发经费、政策完善程度等。

政府在选择环保政策时,会考虑到经济发展水平和可能的环境损失这两个因素,并首先受制于经济发展水平。由于政府的环境政策与环境投资密切相关(如城市基础设施中的环保费用与政府的政策有关),因而导致了环境投资既受经济状况又受环境状况的影响。在市场经济条件下,环境是一种有价值的、特殊的资源,这种资源应该是谁污染谁治理、谁污染谁付费、谁开发谁保护、谁利用谁补偿、谁破坏谁受罚。对于企业决策者而言,大气污染防治技术推广受到环境投资值和污染物去除量以及政策变化的影响。政策要求的大气污染物排放标准直接影响企业对相关技术的研发、引进和推广。个人在大气污染防治技术推广上的响应更多与自身的直接利益相关。环保人员及大气污染防治推广从业人员数量、受教育程度以及其薪资待遇等与技术推广紧密联系。

根据报告数据显示,进入 21 世纪,中国大气污染治理行业投资整体保持上升态势,2001～2007 年,投资额年均增长率稳定在 25％以上;2008～2010 年,工业污染治理投资规模缩减,大气污染治理投资也随之下降;2010 年之后,大气污染治理投资额逐年增长,并于 2013 年创下新高,投资总额达到 293.5 亿元,同比增长 13.89％。

环境保护产业的特点是投资较大、周期长、社会效益高于经济效益,所以环保产业对政策的依赖性较高。环保产业的发展和国家制定的环保标准及出台的相关政策密切相关,因此新大气污染防治法的实施将有利于行业的发展。而且我国废气治理整体处理能力也在逐步提高,相关设备设施在不断增加、逐步完善。大气污染防治已经是社会普遍关注的问题,在未来几年内关于大气污染治理的投资将持续增加。大气污染治理行业面临良好的发展机遇,未来前景向好。

此外,2013 年,中国"大气十条"发布,对大气污染治理工作提出了具体和明确的目标,在 2013 年与 2014 年分别投入了 50 亿元与 100 亿元推动大气污染治理工作。据生态环境部环境规划院测算,"十三五"期间社会环保总投资有望超过 17 万亿元,预计这笔投资中将有超过 1.84 万亿元资金专门用于大气污染治理领域;其中,优化能源结构、移动源污染防治、工业企业污染治理、面源污染治理 4 个任务类别投资需求分别为 2 844.00 亿元、14 067.66 亿元、915.44 亿元和 615.72 亿元。

3.1.3.1　政府层面响应

政府层面对大气污染防治技术的推广有着重要作用。2014 年科技部与环保部共同印发《大气污染防治先进技术汇编》,汇集了 89 项关键技术及 130 余项相应案例成果。2016 年,国家环保部发布了《2016 年国家先进污染防治技术目录(VOCs 防治领域)》,目录包括 18 项 VOCs 防治领域国家先进污染防治技术。

1. 大气污染防治研发经费占 GDP 比重

从图 3-17 和图 3-18 可以发现,全国及江苏省的环境污染治理投资呈显著升高趋势。尤其是近些年的大气污染问题,使大气污染治理投资的费用显著升高。

2. 相关政策完善程度

国家针对大气污染防治的政策对污染防治技术的推广起到了关键作用。甚至可以说大气污染防治技术的推广是政策导向型产业。因此相关政策的完善程度对于推广大气污染防治技术有决定性作用。

3. 煤炭在能源结构中占比

从图 3-19 可以发现全国及江苏省的煤炭在能源结构的占比呈显著下降趋势。全国及江苏省能源结构不断优化,从一定程度上可有效应对大气环境污染问题。

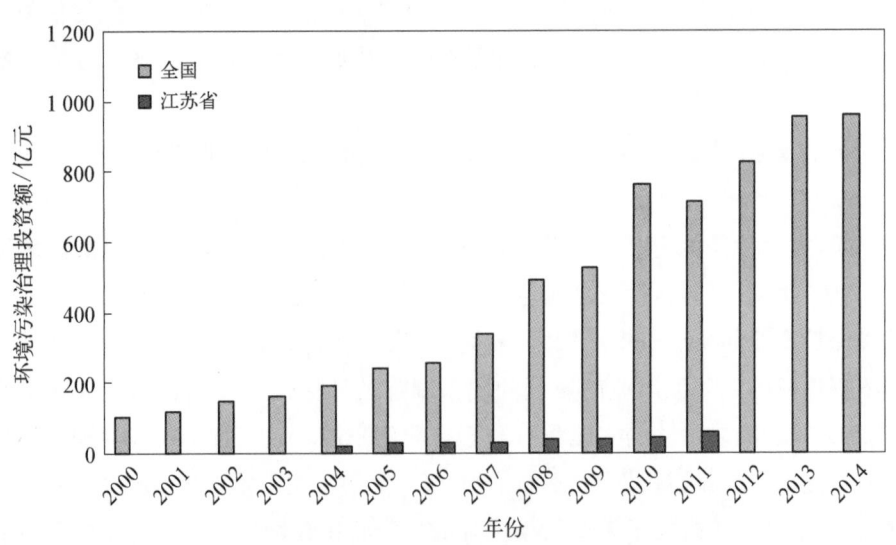

图 3-17　2000～2010 年全国和江苏省环境污染治理投资额变化

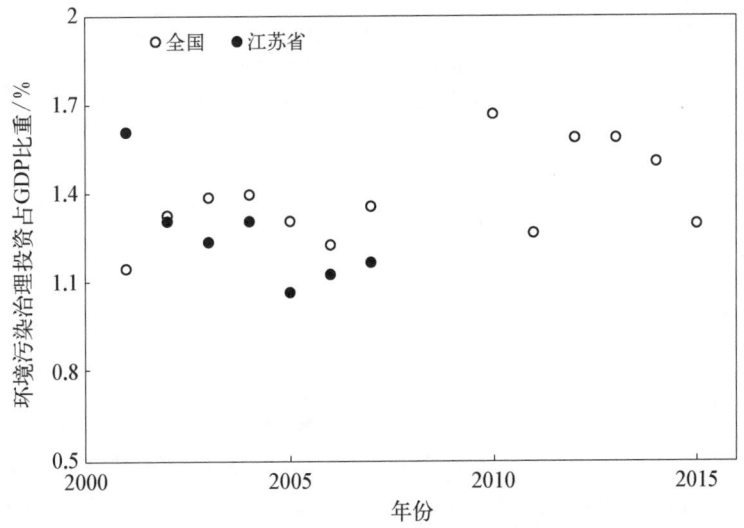

图 3-18　2001～2015 年全国及江苏省环境污染治理投资占 GDP 比重

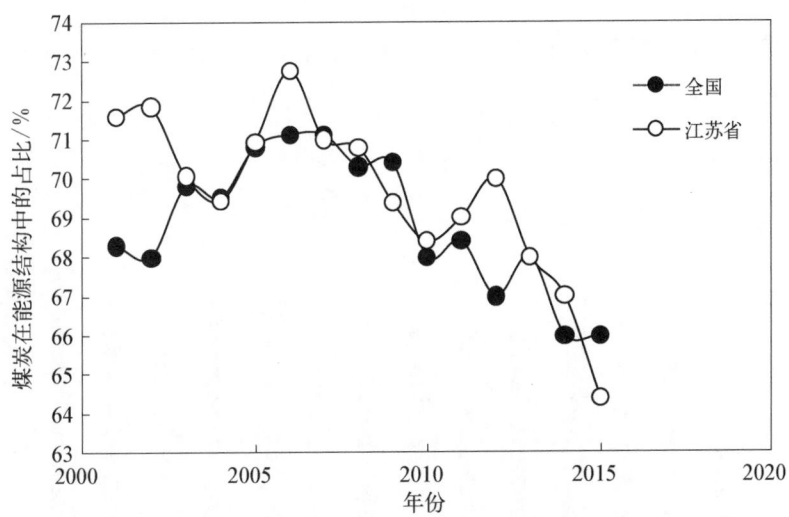

图 3-19　2000～2015 年全国及江苏省煤炭在能源结构中的占比

4. 工业万元产值污染物排放量

由于全国与江苏省对工业万元产值排污量统计的口径不一致,所以这里仅展示了 2000～2014 年江苏省工业万元产值排污量(图 3-20)。响应国家对二氧化硫和烟尘污染物排放的控制,可以发现江苏省工业万元产值 SO_2 和烟尘排放量显著降低。

3.1.3.2　企业层面响应

企业开展大气污染防治技术推广,主要受到相应政策的影响,尤其是对特定污染物,如 2000～2005 年,主要的大气污染物治理对象为硫化物,2016 年开始对挥发性有机物污染物(VOCs)的治理被提上日程。企业也会与高校或者科研院所开展产学研合作项目,促进防治技术的推广。因此,企业层面的响应,我们主要选取以下指标:"工业大气污染物排

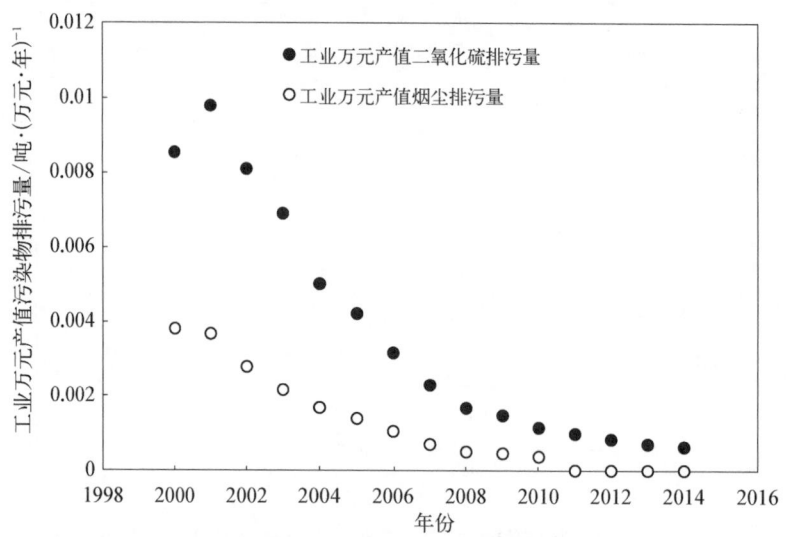

图3-20　2000～2014年江苏省工业万元产值污染物排放量

放达标率""第三产业占比""示范推广的新技术、新品种的数量"以及"推广转化的技术占研发项目的比例"等。

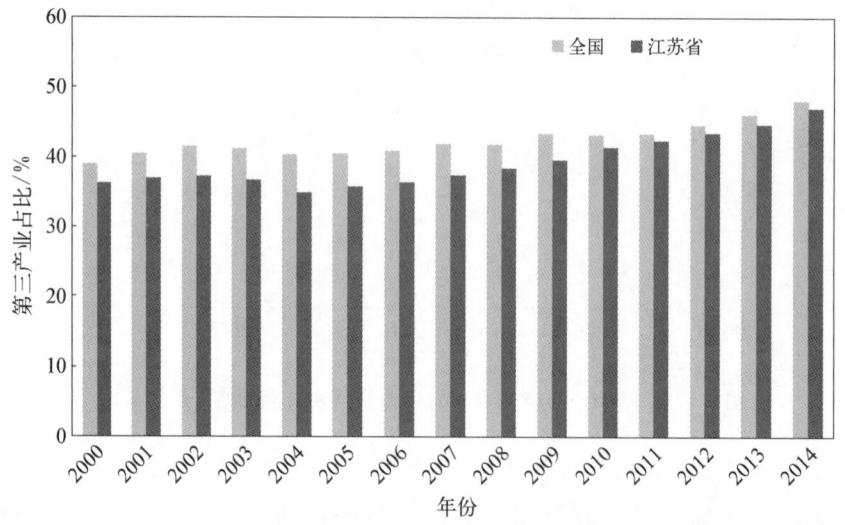

图3-21　2000～2014年全国及江苏省第三产业占比变化情况

从图3-21可以看出全国及江苏省的"第三产业占比"呈显著升高趋势,可见中国正处于产业结构转型的阶段。工业企业数量减少,对于企业大气污染防治技术的推广有一定的促进作用。

从图3-22可以发现,随着国家对SO_2排放的管控,工业燃烧和工业生产的SO_2排放达标率显著升高。由于其他数据难以获取,根据SO_2排放达标率的变化趋势,可依次推测氮氧化物、烟尘和VOCs等污染物的排放达标率。

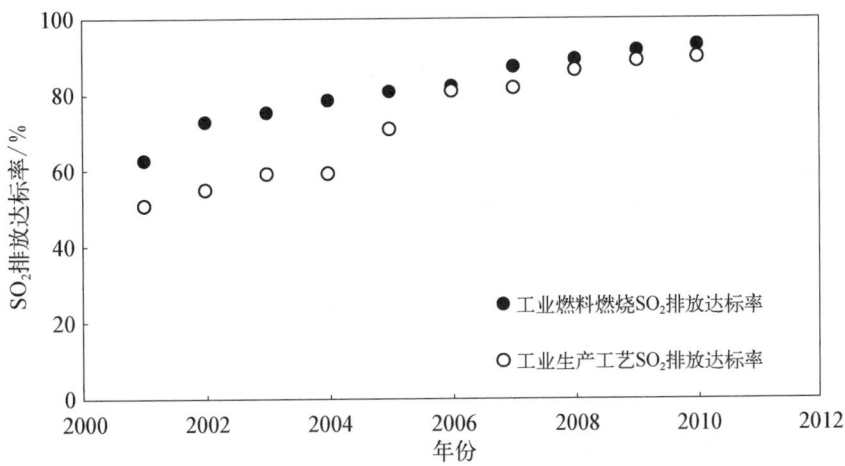

图 3 - 22　2001～2010 年全国燃料燃烧 SO₂ 和工业生产工艺 SO₂ 排放达标率变化图

3.1.3.3　个人层面响应

个人层面的响应主要选取"环保或大气污染防治推广从业人员受教育程度占比"和"从事环保技术推广或大气污染防治技术推广的专业技术人员的数量与结构"等指标。

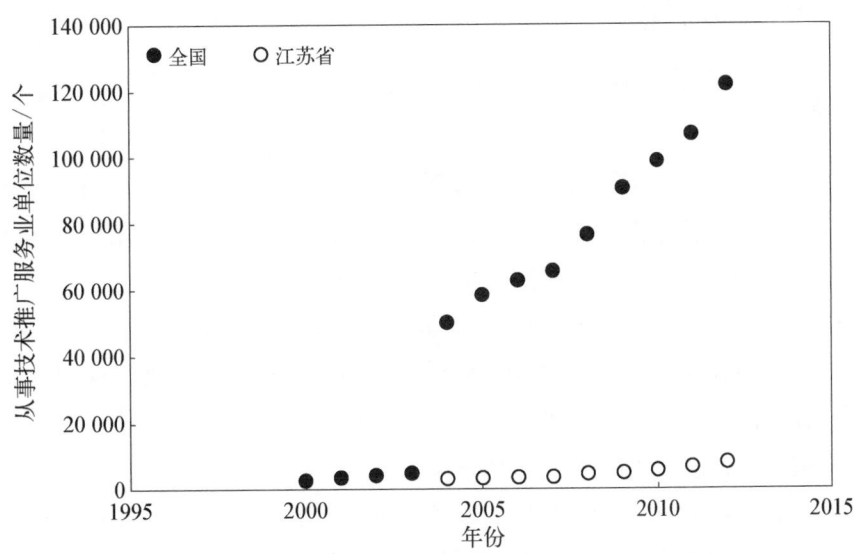

图 3 - 23　2000～2012 年全国及江苏省从事技术推广服务业单位数量

由于较难准确获取从事大气污染防治技术推广服务业单位的数量,采用整体的技术推广服务业单位数量作为替代。由图 3 - 23 可以发现自 2005 年开始全国从事技术推广的单位数量显著升高。此外,全国及江苏省专业科学技术研究人员数量呈显著升高趋势(图 3 - 24)。

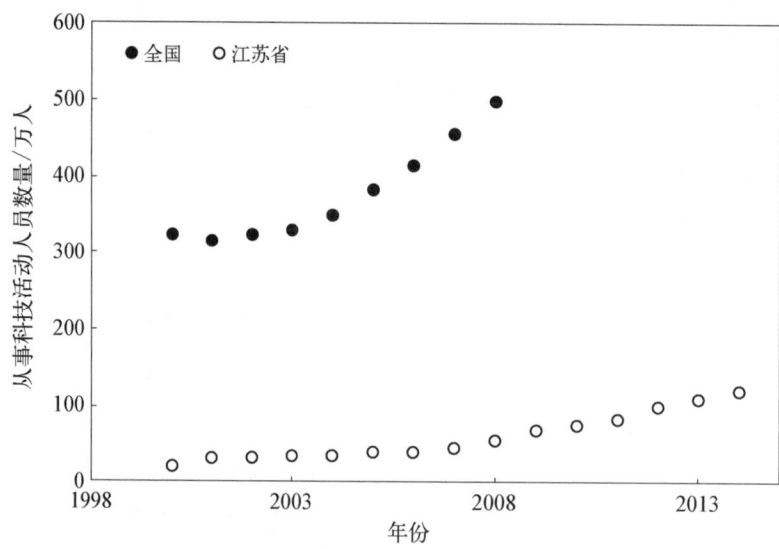

图3-24　2000~2014年全国及江苏省科研机构从事科研技术活动人员数量

3.2　压力-状态-响应(PSR)模型构建

3.2.1　模型构建原则

建立一个多维度的、科学的大气污染防治技术推广机制研究的模型,需要遵循以下原则:

(1) 系统化与层次化相结合的原则。研究大气污染防治技术推广的主要驱动因子,不仅要客观地反映市场需求和技术水平,而且应避免指标之间的重叠。因此,应根据系统结构分出层次,对指标进行分类,使指标体系结构清晰明了。

(2) 科学性与可行性相结合的原则。评价指标不仅要能科学地揭示大气污染防治技术需求和推广的特点,而且要简繁适中,各项评价指标及其相应的计算要标准化、规范化且有明确的释义。即便有些指标数据无法从现有的统计年鉴中获取,只要是能反映技术推广的特点的相关数据,也应适当纳入体系中。

(3) 全局性和代表性相结合的原则。大气污染防治技术推广程度评价指标体系作为一个有机整体,应包含多种影响低碳经济发展的指标,虽然不可能涵盖所有的相关指标,但该体系所含指标必须能反映当前社会大气污染现状,体现对防治技术的需求和推广范围。同时,在选取指标时,应强调指标的代表性、典型性,避免选择意义相近或重复的指标。

(4) 规范性和导向性相结合的原则。在选择指标时,应遵循使用国内外公认且常见的指标的原则,使指标符合相应的规范要求;尽可能采用国际上通用的名称、概念和计算方法,这样做有利于与国内外相似城市或地区进行比较。

3.2.2　指标筛选

构建基于压力-状态-响应模型的大气污染防治技术推广体系,包括四个环节。首先,分析研究区域的大气污染排放行业的发展和城市人口增长情况,同时考虑污染物削减率以及环境空气质量功能区的分类和标准分级等一系列导致大气环境质量不达标和影响大气污染防治技术推广的压力因素。其次,通过大气环境质量数据与预测模型,了解现在和未来的大气环境状态。再次,根据不同环境功能区的发展水平和功能特点,将状态信息传递,提出不同响应水平的响应方案。最后,根据预测的响应结果,以不达标优先考虑环境质量、达标优先考虑治理成本为原则,评估何种响应水平最佳。在此方案下,可以达到大气污染防治技术推广的最佳状态。

大气污染防治技术的推广受到经济实力、环境意识(特别是决策者的环境意识)、环境状况、科技水平、投资政策及社会制度等诸多因素的影响。其中,经济投入与环境状况的关系受到多种因素的影响,是复杂的非线性关系。

本节通过对大气污染防治技术市场需求和市场特点的分析,建立针对大气污染防治技术推广的压力-状态-响应模型。具体指标选取和分析如图 3-25 所示。

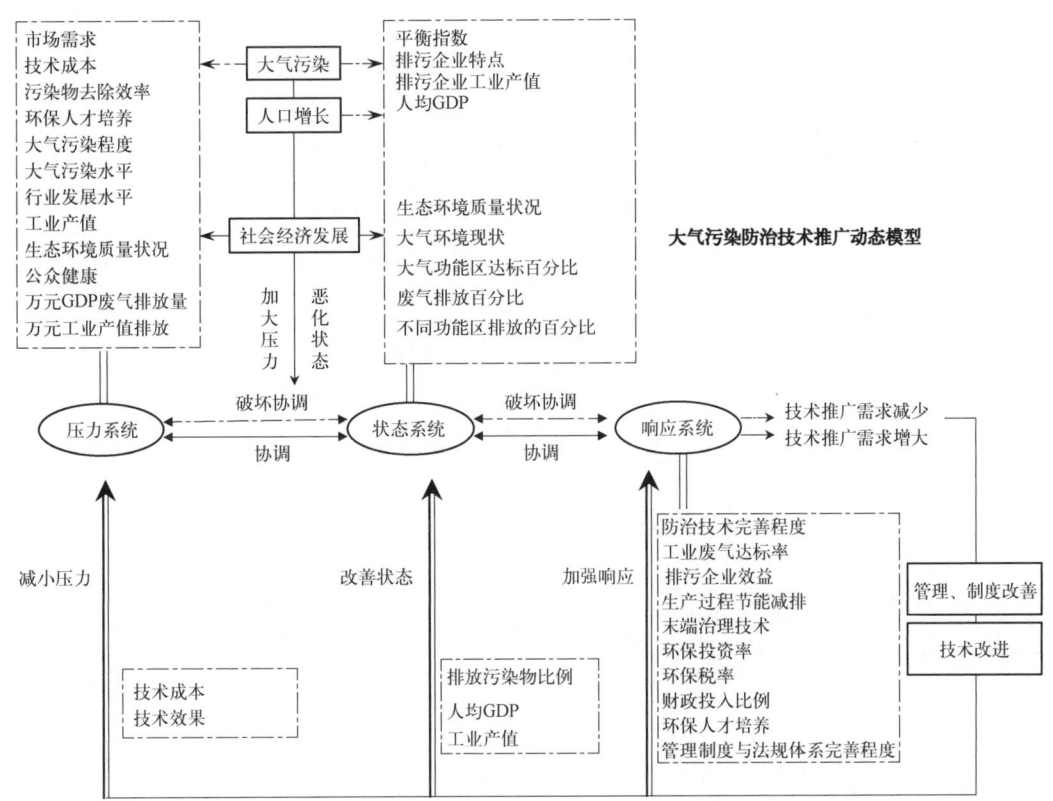

图 3-25　基于压力-状态-响应的大气污染防治技术推广动态模型

　　基于文献和实地调研等信息,考虑 PSR 模型的逻辑关系,选取 10 个二级指标和 35个三级指标,具体如表 3-1 所示。

表 3-1　压力-状态-响应模型指标的选取

子系统	因素层:二级指标	序号	指标层:三级指标
压力	经济社会发展压力	C1	人口密度(人/km²)
		C2	人口自然增长率(‰)
		C3	人均 GDP(元)
		C4	人均 GDP 年增长率(%)
		C5	单位 GDP 能耗(吨标准煤/万元)
		C6	产业结构变更
	市场需求	C7	大气污染防治技术饱和程度(包括 SO_2、烟尘、氮氧化物以及 VOCs 等污染物治理,拟通过"招投标"数量进行量化表征)
		C8	大气污染防治技术增长速度(包括 SO_2、烟尘、氮氧化物以及 VOCs 等污染物治理技术种类的增长速率,单位:%)
		C9	排放标准提升
	空气质量	C10	空气质量好于二级天气在全年占比(%)
		C11	工业万元产值大气污染物排污量[吨/(万元·年)]
	生态环境及人体健康	C12	森林/绿地覆盖率(%)
		C13	呼吸系统疾病发病率(‰)
		C14	公众对良好大气环境的需求
状态	大气污染防治技术水平	C15	大气污染防治治理成本(SO_2、VOCs、氮氧化物以及颗粒等,单位:元/吨)
		C16	治理技术操作难易程度
		C17	技术设备使用寿命(年)
	推广方式	C19	企业及产学研技术推广占比(%)
		C20	政府推广比例(%)
		C21	平台推广占比(%)
	技术管理	C22	第三方运营费用占治理费用比例(%)
		C23	环境保险占 GDP 比例(%)
响应	政府层面	C24	大气污染防治研发经费占 GDP 比重(%)
		C25	相关法规完善程度
		C26	煤炭在能源结构中占比(%)
		C27	政策引导

续表

子系统	因素层：二级指标	序号	指标层：三级指标
响应	企业层面	C28	环境污染治理投资占工业产值比例(%)
		C29	工业大气污染物排放达标率(%)
		C30	第三产业占比(%)
		C31	示范推广的新技术、新品种的数量
		C32	推广转化的技术占研发项目的比例(%)
	个人层面	C33	环保或大气污染防治推广从业人员受教育程度占比(%)
		C34	从事环保技术推广或大气污染防治推广的专业技术人员的数量(万人)与结构(%)
		C35	环保/大气污染防治推广从业人员数量比重(%)

通过对上述压力-状态-响应因素分析,去除有显著相关性的评价指标,筛选出针对全国大气污染防治技术推广的 PSR 模型参数(如表 3-2 所示)。

表 3-2　全国大气污染防治技术推广的 PSR 模型指标体系

子系统	因素层：二级指标	序号	指标层：三级指标
压力	经济社会发展压力	C1	人均 GDP 年增长率(%)
		C2	单位 GDP 能耗(吨标准煤/万元)
		C3	产业结构变更
	市场需求	C4	治理废气项目完成投资增长率(%)
		C5	排放标准提升
	空气污染程度	C6	SO_2 排放量(万吨)
		C7	NO_x 排放量(万吨)
	生态环境及人体健康	C8	城市呼吸系统疾病粗死亡率(1/10 万)
		C9	公众对良好大气环境的需求
状态	大气污染防治技术水平	C10	大气污染防治设备产量(台/套)
		C11	技术市场成交额(万元)
响应	国家层面	C12	环境污染治理投资占 GDP 比重(%)
		C13	煤炭在能源结构中占比(%)
		C14	工业污染源治理投资额(亿元)
		C15	第三产业占比(%)
		C16	政策引导

子系统	因素层： 二级指标	序号	指标层：三级指标
响应	企业层面	C17	科技交流和推广服务业新增固定资产(亿元)
	个人层面	C18	科研和开发机构研究与试验发展人员(万人)

3.2.3　指标权重确定

3.2.3.1　层次分析法

综合对比国内外主要的指标评价方法,结合大气污染防治技术推广模型各指标的特点,选取层次分析法构建指标体系。

层次分析法(Analytic Hierarchy Process,AHP)是美国著名的运筹学家萨蒂(T. L. Saaty)等人在 20 世纪 70 年代初提出的一种定性与定量分析相结合的多准则决策方法。这一方法的特点,是在对一个复杂的多目标决策问题的本质、影响因素以及内在关系等进行深入分析之后,构建一个层次结构模型,然后利用较少的定量信息,把决策的思维过程数学化,从而为求解多目标、多准则或无结构特性的复杂决策问题,提供一种简便的决策方法。具体地说,它是将决策问题的有关元素分解成目标、准则、方案等层次,用一定标度对人的主观判断进行客观量化,在此基础上进行定性分析和定量分析的一种决策方法。它把人的思维过程层次化、数量化,并用数学为分析、决策、预报或控制提供定量的依据,尤其适用于人的定性判断起重要作用的、对决策结果难于直接准确计量的场合。其主要方法步骤如下:

1. 明确问题

通过对系统的深刻认识,确定该系统的总目标,弄清决策问题所涉及的范围、所要采取的措施方案与政策、实现目标的准则、策略和各种约束条件等,广泛地收集信息。

2. 建立层次结构

按目标的不同、实现功能的差异,将系统分为几个等级层次,如目标层、准则层、方案层等,用框图的形式说明层次的递阶结构与因素的从属关系。当某个层次包含的因素较多时,可将该层次进一步划分为若干子层次。层次分析模型是层次分析法赖以建立的基础,是层次分析法的第一个基本特征。

3. 两两比较,建立判断矩阵,求解权向量

判断元素的值反映了人们对各因素相对重要性的认识,一般采用 1～9 及其倒数的标度方法。为了从判断矩阵中提炼出有用的信息,达到对事物的规律性认识,为决策提供科学的依据,就需要计算每个判断矩阵的权重向量和全体判断矩阵的合成权重向量。通过两两对比按重要性等级赋值,从而完成从定性分析到定量分析的过渡,这是层次分析法的

第二个基本特征。

4. **层次单排序及其一致性检验**

判断矩阵的特征根问题的解,经归一化后即为同一层次相应因素对于上一层次某因素相对重要性的排序权值,这一过程称为层次单排序。为进行判断矩阵的一致性检验,需要计算一致性指标:

$$CI = \frac{\lambda_{\max} - n}{n - 1}$$

式中,CI 为一致性指标;$\lambda_{\max}$ 为矩阵最大特征根;n 为矩阵阶数。

$$CR = \frac{CI}{RI}$$

式中,CR 为检验系数(或随机一致性比率);RI 为随机一致性指标。当 $CR < 0.1$ 时,可以认为层次单排序的结构通过一致性检验,否则就不具有满意一致性,需要调整判断矩阵的元素取值。

5. **层次总排序**

计算某一层次所有元素对于最高层(总目标)相对重要性的权值,称为层次总排序。这一过程是从最高层次到最低层次逐层进行的。

6. 根据分析计算结果,考虑相应的决策。

3.2.3.2　指标权重赋权

根据层次分析法主要步骤,采取专家咨询的方法,对各指标赋权,计算结果如表 3 - 3 所示。经一致性检验,一致性比率 $CR = 0$,矩阵具有极好的一致性。

表 3 - 3　大气污染防治技术推广压力-状态-响应评价体系权重

子系统	因　素　层		指　标　层		
指标	指　　标	序号	指　　标	权重	
压力 0.400 0	经济社会发展压力 0.040 0	C1	人均 GDP 年增长率(%)	0.005 7	
		C2	单位 GDP 能耗(吨标准煤/万元)	0.017 1	
		C3	产业结构变更	0.017 1	
	市场需求 0.120 0	C4	治理废气项目完成投资增长率(%)	0.024 0	
		C5	排放标准提升	0.096 0	
	空气污染程度 0.160 0	C6	SO_2 排放量(万吨)	0.053 3	
		C7	NO_x 排放量(万吨)	0.106 7	
	生态环境及人体健康 0.080 0	C8	城市呼吸系统疾病粗死亡率(1/10 万)	0.040 0	
		C9	公众对良好大气环境的需求	0.040 0	

子系统	因素层	指标层			
指标	指标	序号	指标		权重
状态 0.200 0	大气污染防治技术水平 0.200 0	C10	大气污染防治设备产量（台/套）		0.100 0
		C11	技术市场成交额（万元）		0.100 0
响应 0.400 0	国家层面 0.274 3	C12	环境污染治理投资占 GDP 比重（%）		0.090 4
		C13	煤炭在能源结构中占比（%）		0.030 1
		C14	工业污染源治理投资额（亿元）		0.045 2
		C15	第三产业占比（%）		0.018 1
		C16	政策引导		0.090 4
	企业层面 0.091 4	C17	科技交流和推广服务业新增固定资产（亿元）		0.091 4
	个人层面 0.034 3	C18	科研和开发机构研究与试验发展人员（万人）		0.034 3

3.3　PSR 模型数据分析

3.3.1　分级标准

为科学系统地评价大气污染防治技术推广的情况,基于大气污染防治技术推广压力-状态-响应评价体系,引入大气污染防治技术推广综合评价指数 G,其计算过程如下:

$$G = \sum_{i=1}^{m} \sum_{j=1}^{n} \sum_{k=1}^{l} S_{ijk} \times W_{ijk}$$

式中,S_{ijk} 为 i 子系统下 j 因素下第 k 个指标的无量纲分值;

W_{ijk} 为 i 子系统下 j 因素下第 k 个指标的权重值。

对获得的样本数据指标值分级打分,得到指标体系各指标的实际得分:

$$S_i = \frac{A_i - A_{i\text{-min}}}{A_{i\text{-max}} - A_{i\text{-min}}}$$

式中,S_i 为指标 i 的无量纲打分分值;

A_i 为样本数据中指标 i 的值(含量纲);

$A_{i\text{-min}}$ 为样本数据中指标 i 的最小值(含量纲);

$A_{i\text{-max}}$ 为样本数据中指标 i 的最大值(含量纲)。

为科学评价中国当前大气污染防治技术推广的绩效,本研究按照综合指数将技术推广成效分为四级,分别为优秀、良好、合格及不合格。具体方法为将各三级指标的数据(2005~2017年)分别单独排序,前10%的三级指标加和值作为优秀一级的综合标准分数,前30%的三级指标加和值作为良好一级标准分数,前50%的三级指标加和值作为合格一级标准分数,低于50%的三级指标加和值则为不合格。计算所得各级标准分数如表3-4所示。

表 3-4　大气污染防治技术推广综合指数分级标准

级　　别	优　　秀	良　　好	及　　格	不　及　格
计算标准	10%	30%	50%	50%以下
分　　数	86.8	70.5	40.1	低于40.1

注:因本研究时间序列为13年,跨度相对较小,故10%、30%及50%的指标数据选取均采用"进一法",而非四舍五入法。

3.3.2　数据分析

选取中国2005~2017年13年的指标数据代入PSR模型计算,得到大气污染防治技术推广综合指数计算结果如图3-26所示。

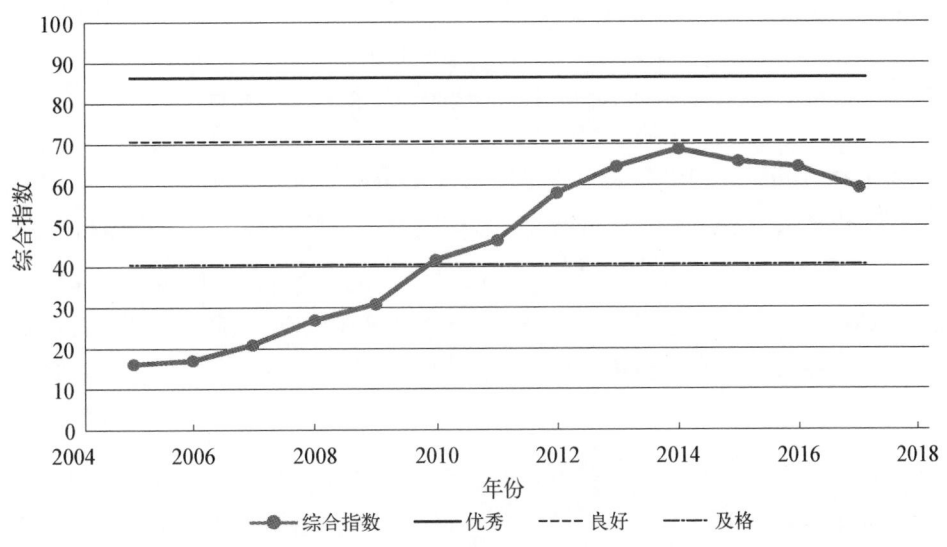

图 3-26　2005~2017年中国大气污染防治技术推广综合指数

3.3.2.1　整体趋势

中国大气污染防治技术推广综合指数整体维持在15~70之间(如图3-26所示),相对较低,说明中国大气污染防治技术推广工作依然任重道远,需要采取更加有效的针对性措施来大力推进。

2005~2017这13年间,从整体变化趋势来看,综合指数明显可分为两个阶段。第一阶段为2005~2014年的增长阶段。从2005年(15.7)起呈现明显的增长趋势,至2014

年达到最大值 68.7。第二阶段为 2014～2017 年的下降阶段。自 2014 年起,综合指数开始逐年下降,至 2017 年降至 59.2,维持在合格水平以上。

从分级情况来看,随着综合指数的增长,2010 年以来中国大气污染防治技术推广已维持在及格水平以上,2014 年接近达到良好水平,但整体达到优秀水平差距仍比较大。

3.3.2.2　指标分类趋势

按压力、状态、响应三类指标分类,三类指标指数的分布情况如图 3-27 所示。

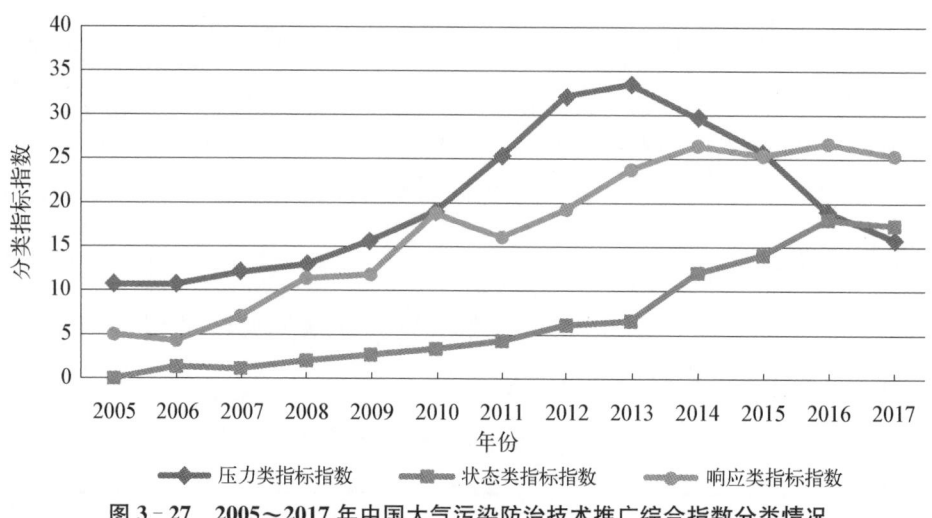

图 3-27　2005～2017 年中国大气污染防治技术推广综合指数分类情况

整体来看,2005～2017 年这 13 年间,三类指标指数所占比重变化也以 2014 年为分水岭,大体分为两个阶段。第一阶段为 2005～2014 年期间,压力类指标指数整体所占比重较大,其次为响应类指标指数,在此期间状态类指标指数所占比重一直较低。第二阶段为 2014 年以后,状态类指标指数与响应类指标指数成为综合指数的主要构成部分,变化趋势一致,而压力类指标指数所占比重则急剧下降,2017 年低于前两者所占比重。

从变化趋势上看,压力类指标指数自 2005～2013 年期间,整体呈现明显的上升趋势,由 10.8 增加到 33.8,增加了 2 倍,2014 年以后该指数又呈显著下降趋势,2017 年该指数已降至 16.0。这与中国近十几年来大气环境质量的实际变化基本一致,尤其是与主要大气污染物 SO_2 与 NO_x 的排放量变化趋势也较为吻合。中国 SO_2 排放量自 2005 年起呈现明显的逐年递减趋势(图 3-9),对压力类综合指数的整体降低趋势有较大贡献;而 NO_x 排放量呈现先增后减的变化趋势,污染物排放量对压力类指标指数的变化趋势起到了主导性的影响作用。近几十年来,2013 年中国大气污染情况最为严重,直接导致了城市呼吸系统疾病死亡率达到 2005 年以来最高值,大气污染防治及技术推广工作迫在眉睫。随着中国环境质量的有效持续改善,大气污染防治技术推广水平的驱动力整体在降低,外在强制性刺激因素的作用在减弱。

2005～2017 年这 13 年间,状态类指标指数呈现明显的增加趋势,2013 年以前增长较为缓慢,2014 年后增幅明显,2016 年达到最高的 18.3。呈现这种变化趋势主要是因为 2013 年中国大气环境质量是污染最为严重的阶段,这极大地刺激了市场需求和交易,相关产业生产及销售活动不断,市场活跃,主要体现在大气污染防治设备产量及技术市场成交额这两个状态指标数值不断增加,状态类指数随之增加。

响应类指标指数整体呈现波动增长的变化趋势,2016 年指标指数达到最高的 26.9。随着中国社会经济发展水平的提升,各响应指标,如第三产业占比、科技交流和推广服务业新增固定资产及科研和开发机构研究与试验发展人员等,基本呈逐年递增的趋势;中国从资金、技术到产业结构调整等多个方面均对大气污染防治技术推广有着良好的响应结果,响应类指标指数呈现整体增长的态势。但同时,部分指标数值,如环境污染治理投资占 GDP 比重及工业污染源治理投资额等呈现波动状态,且近年来有所下降,导致指标指数增长趋势不够显著,这说明各项举措有待改善且应加强相关响应措施从而提高大气污染防治技术推广水平。

3.4　指标敏感性分析

3.4.1　分析方法

为研究各指标对推广水平综合指数的影响程度,采用灰色关联分析法对大气污染防治技术推广水平开展敏感性分析。

灰色关联分析法是我国邓聚龙教授提出的灰色系统理论中的重要方法之一。灰色关联分析法是一种定量的比较分析方法,通过比较目标数列和参考数列的几何图形的相似度来确定参考数列中的相关因素与目标因素的紧密性。灰色关联分析法的主要步骤如下:

1. 参考序列矩阵及目标序列矩阵的确定

参考序列 X 包括各种影响目标序列的因素 $[X_1, X_2, X_3, \cdots, X_i]$,例如影响大气污染防治技术推广水平的因素包括人均 GDP 增长率、单位 GDP 能耗、主要大气污染物(SO_2、NO_x)排放量、环境污染治理投资占 GDP 比重等。目标序列 Y 为大气污染防治技术推广综合评价指数,为 $[Y_1, Y_2, Y_3, \cdots, Y_i]$。$X$、$Y$ 也被称为子序列、母序列。矩阵表达式如下:

$$X = \begin{bmatrix} X_1 \\ X_2 \\ \vdots \\ X_i \end{bmatrix} = \begin{bmatrix} x_1(1) & x_1(2) & x_1(3) & \cdots & x_1(j) \\ x_2(1) & x_2(2) & x_2(3) & \cdots & x_2(j) \\ \vdots & \vdots & \vdots & & \vdots \\ x_i(1) & x_i(2) & x_i(3) & \cdots & x_i(j) \end{bmatrix}$$

(5)

$$Y = \begin{bmatrix} Y_1 \\ Y_2 \\ \vdots \\ Y_i \end{bmatrix} = \begin{bmatrix} y_1(1) & y_1(2) & y_1(3) & \cdots & y_1(j) \\ y_2(1) & y_2(2) & y_2(3) & \cdots & y_2(j) \\ \vdots & \vdots & \vdots & & \vdots \\ y_i(1) & y_i(2) & y_i(3) & \cdots & y_i(j) \end{bmatrix}$$

式中，$x_i(j)$表示第i个影响因子X_i的第j个值；$y_i(j)$表示第i个目标因子Y_i对应的第j个数值；i表示考虑的因子个数；j表示第i个因子对应的所取值的个数。

2. 数据矩阵的无量纲化

因数据量纲不同且数据差异性大，因而需要对数据进行无量纲化处理。常用的无量纲化处理方法有极差变化方法和均值变换处理，其计算方法如下：

$$x_i'(j) = \frac{x_i(j) - \min(x_i(j))}{\max(x_i(j)) - \min(x_i(j))}$$

同理可以得到目标序列Y的无量纲化矩阵。

$$y_i'(j) = \frac{y_i(j) - \min(y_i(j))}{\max(y_i(j)) - \min(y_i(j))}$$

对无量纲化的矩阵进行进一步处理得到差异序列矩阵Δ。

$$\Delta = | x_i'(j) - y_i'(j) |$$

在差异序列矩阵Δ中取出其最大值Δ_{max}及最小值Δ_{min}。

$$\Delta_{max} = \max\Delta, \quad \Delta_{min} = \min\Delta$$

(3)关联系数矩阵及关联度的计算

关联系数矩阵ξ中各个数值为$\xi_i(j)$

$$\xi_i(j) = \frac{\Delta_{min} + \rho\Delta_{max}}{\Delta + \rho\Delta_{max}}$$

式中，ρ为分辨系数，其值为$\rho \in (0, 1)$，一般取值0.5。

关联度r_i为衡量指标序列相似程度的指标，$r_i \in [0, 1]$，且关联度r_i越接近1，则该子序列对母序列的影响越敏感；反之，关联度越接近0，其对母序列的影响越不敏感。其可由下式计算得到，即：

$$r_i = \frac{1}{n} \sum_{j=1}^{n} \xi_i(j)$$

式中，n为计算关联度时所考虑的影响因素的数量。

3.4.2　敏感性分析

将我国 2005～2017 年间各指标数值作为参考序列,对应的大气污染防治技术推广综合评价指数作为目标序列,代入上述灰色关联度计算方法和步骤,得到各指标的关联系数如表 3-5 所示,继而得到 18 个指标的关联度排序如图 3-28 所示。

表 3-5　中国大气污染防治技术推广敏感性分析关联度

指 标 名 称	关联度	排序	指 标 名 称	关联度	排序
政策引导	0.760	1	技术市场成交额	0.677	10
科技交流和推广服务业新增固定资产	0.720	2	第三产业占比	0.638	11
科研和开发机构研究与试验发展人员	0.711	3	环境污染治理投资占 GDP 比重	0.635	12
产业结构变更	0.707	4	城市呼吸系统疾病粗死亡率	0.626	13
NO_x 排放量	0.705	5	排放标准提升	0.613	14
工业污染源治理投资额	0.698	6	SO_2 排放量	0.612	15
人均 GDP 年增长率	0.696	7	煤炭在能源结构中占比	0.588	16
大气污染防治设备产量	0.695	8	公众对良好大气环境的需求	0.586	17
治理废气项目完成投资增长率	0.687	9	单位 GDP 能耗	0.559	18

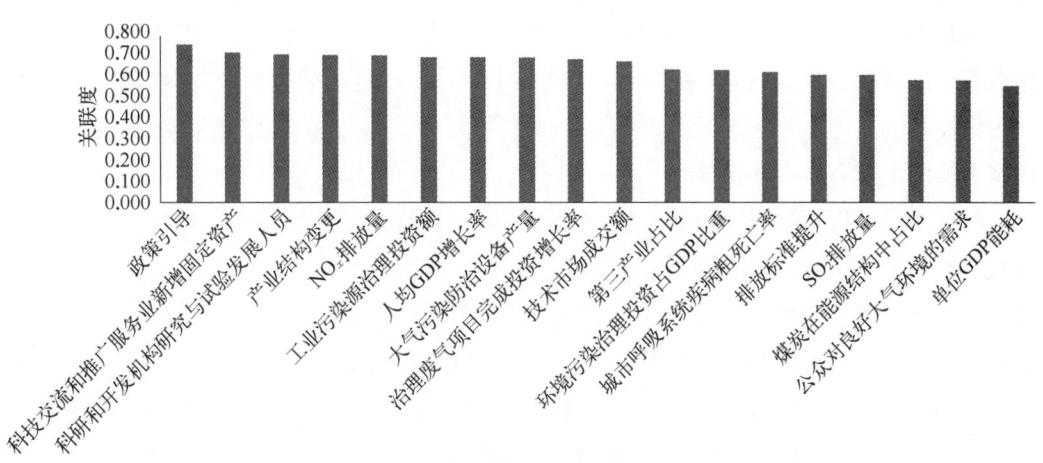

图 3-28　中国大气污染防治技术推广敏感度分析关联度

由计算结果可知,对大气污染防治技术推广综合评价指数影响最敏感的前五个指标分别为"政策引导""科技交流和推广服务业新增固定资产""科研和开发机构研究与试验发展人员""产业结构变更及 NO_x 排放量",其关联度均超过了 0.7。

其中,"政策引导"对综合指数的影响最为敏感,关联度达到 0.760。作为最重要的响应类指标之一,"政策引导"这一因素反映了国家相关政策推动对大气污染防治技术推广的重要性和关键作用。我国脱硫行业的发展与国家大气污染物强制减排政策高度关联,脱硫行业的发展推动力皆源于日益严格的强制减排政策;同脱硫行业发展相似,我国火电烟气脱硝行业虽起步时间略晚,但同样起源于国家大气污染物的强制减排。可见政策对大气污染防治技术的推广普及是立竿见影的。其他外在因素的压力及驱动,如环境质量的改善需求、呼吸系统疾病发病等,最终体现在国家通过发布相关应对政策来体现和解决响应问题。当大气环境污染导致呼吸系统疾病带来的死亡明显增加时,政府就会感到巨大的压力从而出台相关政策及具体措施来推进改善大气环境质量,缓解大气环境污染;相应地,受政策的驱动,大气污染防治技术的推广就遇到"红利期",推广工作力度加大,反映到具体数据上则为综合评价指数随之较为灵敏地增大。

其次,"科技交流和推广服务业新增固定资产"与"科研和开发机构研究与试验发展人员"两项响应类指标同样对技术推广的影响敏感性程度较高,关联度分别排第二、第三位。政府对大气污染防治技术的技术投入力度是影响技术推广水平重要的因素,直接关系推广工作的具体成效。这种关联和影响也是显而易见的。大气污染防治技术不是"无源之水",其推广的前提是有适应市场需求的先进技术,科技研发的重要性不言而喻,相关研究机构和人员的增加能够推动技术的革新和适用性,从事相关技术研发的人员越多,技术推广效果就越好,收效也就越大。在此基础上,通过交流和推广产业的带动和辐射,势必能提高相关技术的市场份额,得到有效推广普及。

压力类指标中的空气污染程度指标中,"NO_x 排放量"指标对技术推广水平的影响敏感性程度远高于 SO_2 排放量,说明我国当前 SO_2 排放控制已有较大成效,其排放变化对大气污染控制的压力驱动不明显,而 NO_x 排放控制是大气污染治理的重点,对大气污染防治技术推广工作有着显著影响。

"单位 GDP 能耗"敏感性分析关联度为 0.559,在 18 个指标中最低,对技术推广综合指数的影响最不敏感,说明能耗强度的变化对技术推广的间接压力并不显著,驱动效果不明显。其次,"煤炭在能源结构中占比"敏感性分析关联度为 0.588,在 18 个指标中位列倒数第三,对技术推广影响也不敏感。综上,易看出我国的能源利用水平已有很大改善,能源结构不是影响我国大气污染的有效因素,因而无论是作为压力类指标还是作为响应类指标,都对大气污染防治技术推广的驱动效果不明显,能源结构调整不是促进大气污染防治技术推广工作的重点和落脚点。

3.5   小结

基于系统化与层次化相结合、科学性与可行性相结合、全局性和代表性相结合、规范性和导向性相结合的原则,本章通过文献调研、实地调研、专家咨询构建了一个多维度、科学的大气污染防治推广机制研究的 PSR 模型,从压力、状态、响应层面选取 8 个二级指标和 18 个三级指标。整体来看,2005～2017 年这 13 年间,三类指标指数所占比重变化以 2014 年为分水岭,大体分为两个阶段。第一阶段为 2005～2014 年期间,压力类指标指数整体所占比重较大,其次为响应类指标指数,这一阶段状态类指标指数所占比重一直较低。第二阶段为 2014 年以后,状态类指标指数与响应类指标指数成为综合指数的主要构成部分,而压力类指标指数所占比重则急剧下降,2017 年低于前两者所占比重。

通过指标敏感性分析得知,大气污染防治技术推广综合评价指数影响最敏感的前五个指标分别为"政策引导""科技交流和推广服务新增固定资产""科研和开发机构研究与试验发展人员""产业结构变更"及"NO$_x$排放量",其敏感性分析关联度均超过了 0.7。

第4章

中国大气污染防治技术推广政策

党的十八大以来,随着创新驱动发展战略的贯彻落实,《中华人民共和国促进科技成果转化法》(简称《促进科技成果转化法》)修订完成,《国家创新驱动发展战略纲要》《促进科技成果转移转化行动方案》发布实施,我国科技成果转化及推广进入了崭新的阶段。环保技术推广作为科技成果转化的一部分,面临着巨大的机遇和挑战。

本章通过对现行国家及地方技术推广的政策和法律法规、技术目录、资金支持等进行梳理和研究,分析相关政策在环保技术推广中的作用,为环保技术推广提供政策解读,为国家环保技术推广政策的进一步完善提供建议。

4.1 大气污染防治技术推广相关的法律法规

2012年9月,中央中央、国务院公布了《关于深化科技体制改革加快国家创新体系建设的意见》,系统性地阐释了科技体制改革各方面的工作要求。随后,党的十八大提出实施创新驱动发展战略,着力构建以企业为主体、市场为导向、产学研相结合的技术创新体系。为促进科技成果转化为现实生产力,规范科技成果转化活动,加速科学技术进步,国家及多省市都加强了对科技成果转化的相关法规及政策的制定和修改。作为环境保护主管部门,环保部基于《环境保护法》及《促进科技成果转化法》,对环保技术推广部分进行了修订。科学技术在发展历程中取得了很大的突破,相继衍生出很多国家层面和地方层面科技成果转化相关的法律法规。

4.1.1 国家层面的相关法律法规

《中华人民共和国宪法》第二十条规定:"国家发展自然科学和社会科学事业,普及科学和技术知识,奖励科学研究成果和技术发明创造。"我国于1996年出台了《中华人民共和国促进科技成果转化法》。该法律的出台为科技成果转化提供了纲领性法律文件,从宏观上为科技成果转化营造了良好的法律环境。同时,我国还陆续出台了有关科技成果转移转化的行政法规和部门章程等,完善了科技成果转化的法律制度(具体内容见表4-1)。《促进科技成果转化法》及其配套法律法规作为与科技成果转化直接相关的纲领性文件,对科技成果转化具有十分重要的意义。

表 4-1　部分国家科技成果转化相关法律法规

政 策 名 称	发 文 字 号	发 文 时 间	效力级别
中华人民共和国促进科技成果转化法(1996)	主席令第 68 号	1996 年 5 月 15 日	法律
中华人民共和国促进科技成果转化法(2015 修正)	主席令第 32 号	2015 年 8 月 29 日	法律
国务院关于加快科技成果转化、优化出口商品结构问题的批复	国函〔1994〕48 号	1994 年 6 月 7 日	行政法规
关于促进科技成果转化的若干规定	国办发〔1999〕29 号	1999 年 3 月 30 日	行政法规
国务院办公厅关于北京大学清华大学规范校办企业管理体制试点问题的通知	国办发〔2001〕58 号	2001 年 11 月 1 日	行政法规
关于国有高新技术企业开展股权激励试点工作的指导意见	国办发〔2002〕48 号	2002 年 9 月 17 日	行政法规
国务院办公厅转发国务院体改办等部门关于深化转制科研机构产权制度改革若干意见的通知	国办发〔2003〕9 号	2003 年 2 月 24 日	行政法规
国务院关于印发实施《国家中长期科学和技术发展规划纲要(2006～2020 年)》若干配套政策的通知	国办发〔2006〕6 号	2006 年 2 月 7 日	行政法规
关于推进县(市)科技进步的意见	国办发〔2006〕34 号	2006 年 4 月 27 日	行政法规
国家自主创新基础能力建设"十一五"规划	国办发〔2007〕7 号	2007 年 1 月 23 日	行政法规
关于促进自主创新成果产业化的若干政策	国办发〔2008〕128 号	2008 年 12 月 15 日	行政法规
关于加快培育和发展战略性新兴产业的决定	国办发〔2010〕32 号	2010 年 10 月 10 日	行政法规
关于加强战略性新兴产业知识产权工作的若干意见	国办发〔2012〕28 号	2012 年 4 月 28 日	行政法规
关于强化企业技术创新主体地位全面提升企业创新能力的意见	国办发〔2013〕8 号	2013 年 1 月 28 日	行政法规
关于改进加强中央财政科研项目和资金管理的若干意见	国办发〔2014〕11 号	2014 年 3 月 3 日	行政法规

政 策 名 称	发 文 字 号	发 文 时 间	效力级别
关于大力推进大众创业万众创新若干政策措施的意见	国办发〔2015〕32 号	2015 年 6 月 11 日	行政法规
实施《中华人民共和国促进科技成果转化法》若干规定	国办发〔2016〕16 号	2016 年 2 月 26 日	行政法规
关于印发促进科技成果转移转化行动方案的通知	国办发〔2016〕28 号	2016 年 4 月 21 日	行政法规
关于推广支持创新相关改革举措的通知	国办发〔2017〕80 号	2017 年 9 月 7 号	行政法规
关于推广第二批支持创新相关改革举措的通知	国办发〔2018〕126 号	2018 年 12 月 23 号	行政法规
关于充分发挥检察职能依法保障和促进科技创新的意见	高检发〔2016〕9 号	2016 年 7 月 7 日	司法解释
关于研究开发机构和高等院校报送科技成果转化年度报告工作有关事项的通知	财科教〔2017〕22 号	2017 年 3 月 27 日	部门规章
关于支持四川省建设成德绵国家科技成果转移转化示范区的函	国科函创〔2018〕25 号	2018 年 5 月 10 日	部门规章
关于支持广东省建设珠三角国家科技成果转移转化示范区的函	国科函创〔2018〕26 号	2018 年 5 月 10 日	部门规章
关于科技人员取得职务科技成果转化现金奖励有关个人所得税政策的通知	财税〔2018〕58 号	2018 年 5 月 29 日	部门规章

党的十八大以来,围绕促进科技成果转移转化,我国完成了《促进科技成果转化法》的修订,并相继发布了《实施〈促进科技成果转化法〉若干规定》(以下简称《若干规定》)及《促进科技成果转移转化行动方案》(以下简称《行动方案》),形成了从修订法律条款、制定配套细则、部署具体任务的科技成果转移转化"三部曲",破解了科技成果使用、处置和收益权等政策障碍,且进一步明确细化了相关制度和具体操作措施。其中,《行动方案》是贯彻落实《促进科技成果转化法》和《若干规定》的行动依据,部署了 8 个方面、26 项重点任务,全面推动各地方、各部门、各类创新主体加强科技成果转移转化工作,形成千军万马共同推动科技成果转化的新格局。主要推进以下五个方面的工作:激发创新主体科技成果转移转化的积极性;完善科技成果转移转化支撑服务体系;开展科技成果信息汇交与发布;发挥地方在推动科技成果转移转化中的重要作用;强化创新资源深度融合与优化配置。

为进一步加大支持创新的力度,营造有利于大众创业、万众创新的制度环境和公平竞争的市场环境,按照党中央、国务院决策部署,京津冀、上海、广东(珠三角)、安徽(合芜蚌)、四川(成德绵)、湖北武汉、陕西西安、辽宁沈阳等八个区域和有关省市、部门,在知识产权保护、科技成果转化激励、科技金融创新、军民深度融合、管理体制创新等方面先行先试、大胆创新,取得了一批改革突破和可复制推广的经验,国务院办公厅已于 2017 年印发《关于推广支持创新相关改革举措的通知》(国办发〔2017〕80 号)予以推广。"推广"涉及 4 个方面共 13 项支持创新相关改革举措:

一是科技金融创新方面,推广"以关联企业从产业链核心龙头企业获得的应收账款为质押的融资服务""面向中小企业的一站式投融资信息服务""贷款、保险、财政风险补偿捆绑的专利权质融资服务"等 3 项改革举措。

二是创新创业政策环境方面,推广"专利快速审查、维权、确权一站式服务""强化创新导向的国有企业考核与激励""事业单位可采取年薪制、协议工资制、项目工资等灵活多样的分配形式引进紧缺或高层次人才""事业单位编制省内统筹使用""国税地税联合办税"等 5 项改革举措。

三是外籍人才引进方面,推广"鼓励引导优秀外国留学生在华就业创业,符合条件的外国留学生可直接申请工作许可和居留许可""积极引进外籍高层次人才,简化来华工作手续办理流程,新增工作居留向永久居留转换的申请渠道"等 2 项改革举措。

四是军民融合创新方面,推广"军民大型国防科研仪器设备整合共享""以股权为纽带的军民两用技术联盟创新合作""民口企业配套核心军品的认定和准入标准"等 3 项改革举措。

之后,相关方面继续加强改革探索,形成了新一批支持创新的改革举措,经国务院批准,决定在更大范围内复制推广。国务院办公厅于 2018 年 12 月印发了《关于推广第二批支持创新相关改革举措的通知》(国办发〔2018〕126 号),要求各地区、各部门要以习近平新时代中国特色社会主义思想为指导,全面贯彻党的十九大和十九届二中、三中全会精神,进一步深刻领会和把握推广支持创新相关改革举措的重大意义,将其作为深入贯彻落实新发展理念、推进经济高质量发展、建设现代化经济体系的重要抓手。要着力推进构建与创新驱动发展要求相适应的新体制、新模式,深化简政放权、放管结合、优化服务改革,加快打造国际一流、公平竞争的营商环境,推动经济社会持续健康发展。《关于推广第二批支持创新相关改革举措的通知》将在全国或上述八个区域内,推广第二批支持创新相关举措。具体内容如下:

一是知识产权保护方面,推广"知识产权民事、刑事、行政案件'三合一'审判""省级行政区内专利等专业技术性较强的知识产权案件跨市(区)审理""以降低侵权损失为核心的专利保险机制""知识产权案件审判中引入技术调查官制度""基于'两表指导、审助分流'的知识产权案件快速审判机制"等举措,进一步健全知识产权保护机制,激发创新主体活力。

二是科技成果转化激励方面,推广"以事前产权激励为核心的职务科技成果权属改革""技术经理人全程参与的科技成果转化服务模式""技术股与现金股结合激励的科技成果转化相关方利益捆绑机制""'定向研发、定向转化、定向服务'的订单式研发和成果转化机制"等举措,通过制度创新推动更多科技成果转化为现实生产力。

三是科技金融创新方面,推广"区域性股权市场设置科技创新专板""基于'六专机制'的科技型企业全生命周期金融综合服务""推动政府股权基金投向种子期、初创期企业的容错机制""以协商估值、坏账分担为核心的中小企业商标质押贷款模式""创新创业团队回购地方政府产业投资基金所持股权的机制"等举措,拓宽科技型企业融资渠道,推动各类金融工具更好服务科技创新活动。

四是管理体制创新方面,推广"允许地方高校自主开展人才引进和职称评审""以授权为基础、市场化方式运营为核心的科研仪器设备开放共享机制""以地方立法形式建立推动改革创新的决策容错机制"等举措,营造激励创新的良好氛围和政策环境。

此外,《科技进步法》确定的科技奖励制度、《科技成果转化法》中规定的国家通过"发布产业技术指导目录"支持科技成果转化、《行动方案》中规定的"建立国家科技成果信息系统"在现行的环保技术推广中已有一定的工作基础。

4.1.2 地方层面的相关法律法规

地方性科技政策法规作为对国家科技法规的补充和细化,主要作用在于配合国家科技法规的实施。各地方科技成果转化相关的法律法规可以大致分为三个层次:地方各级人民代表大会制定的地方性法规、地方政府制定的地方政府规章、地方政府各部门制定的各类规范性文件。各部门制定的各类规范性文件较多,主要涉及科技创新主体、科技创新人才、科技创新优惠措施和奖励措施、科技服务机构等方面,如《北京市燃气(油)锅炉低氮改造以奖代补资金管理办法》等。以江苏省为例,江苏省主要的科技成果转化相关地方性法规规章如表4-2所示。

表4-2   江苏省主要的科技成果转化相关地方性法规规章

法规规章类型	法规规章名称	发 文 字 号	发 文 时 间
地方性法规	江苏省促进科技成果转化条例	江苏省人民代表大会常务委员会公告第12号	2000年10月19日
	江苏省促进科技成果转化条例(2010修正)	江苏省人民代表大会常务委员会公告第44号	2010年9月29日
地方政府规章	关于加快科技成果向生产力转化的意见	苏政发〔1997〕135号	1997年12月11日
	关于进一步推进科技成果转化和高新技术产业化的若干规定	苏政发〔1998〕81号	1998年9月2日

续表

法规规章 类型	法规规章名称	发 文 字 号	发 文 时 间
地方政 府规章	科技成果转化专项资金管理办法(试行)	苏政办发〔2004〕48 号	2004 年 5 月 26 日
	江苏省科技成果转化专项资金项目验收管理办法	苏科计〔2006〕400 号、苏财教〔2006〕181 号	2006 年 10 月 27 日
	江苏省科技厅关于加强省科技成果转化专项资金实施项目管理的通知	苏科成函〔2007〕011 号	2007 年 3 月 20 日
	江苏省科技成果转化专项资金项目重大事项报告制度的通知	苏科计〔2007〕138 号	2007 年 4 月 12 日
	江苏省科技成果转化风险补偿专项资金暂行管理办法	苏财教〔2009〕178 号	2009 年 10 月 23 日
	江苏省省级科技创新与成果转化(生命健康科技)专项资金使用管理办法	苏财规〔2012〕21 号	2012 年 7 月 30 日
	江苏省交通运输科技与成果转化项目管理办法	苏交规〔2013〕3 号	2013 年 6 月 23 日
	江苏省科技成果转化风险补偿专项资金管理办法	苏财规〔2014〕36 号	2014 年 12 月 22 日
	江苏省促进科技成果转移转化行动方案	苏政办发〔2016〕76 号	2016 年 7 月 11 日
	2017 年省科技成果转化专项资金项目指南	苏科计发〔2017〕24 号	2017 年 1 月 20 日
	省政府关于加快推进全省技术转移体系建设的实施意见	苏政发〔2018〕73 号	2018 年 5 月 29 日

各地方的科技法律法规,在层次及主要内容方面具有相似性。如 2015 年《科技成果转化法》修订完成、《若干规定》及《行动方案》陆续发布后,多地也都出台了相应的科技新政。虽然各地新出台的"促进科技成果转化实施方案"名称可能有所不同,但均主要聚焦科技在成果转化处置权与收益分配权上,与原有科研成果管理体制相比有了很大的突破,并结合当地的环境管理需求对国家政策进行了细化及拓展。

然而,由于我国不同地区社会资源、经济发展水平差异较大,各地方相关法律法规呈现出注重地区经济特色、调整方法多样等特点。如北京市、天津市等发达地区,经济发达、科研实力雄厚,在修订后的《科技成果转化法》配套的政策中强调先进技术的应用转化、鼓励科技投资等方面;黑龙江省、吉林省等省面临基础设施不完善、环境恶化等问题,在修订后的《科技成果转化法》配套的政策中则侧重环境保护、破解制约企业发展重大技术难点等方面。

4.1.3　生态环境部颁布的环保技术推广相关政策及法规

为了促进科技成果推广应用,把环保科技成果迅速转化为污染防治的现实能力,提高环保投资效益,促进环境与经济协调发展。国家环境保护局(今国家生态环境部)从 1992 年开始,在全国范围内开展了国家环境保护最佳实用技术的筛选、评价和推广工作,并于 1993 年 11 月发布了国家环境保护总局第 12 号令《国家环境保护最佳实用技术推广管理办法》。随着形势的发展,国家环境保护总局(今国家生态环境部)根据环境保护技术推广的实际情况,对《国家环境保护最佳实用技术推广管理办法》进行了 2 次修改,于 1999 年发布了第 4 号令《国家重点环境保护实用技术推广管理办法》,并于 2007 年发布了第 41 号令对《国家重点环境保护实用技术推广管理办法》中的第六至第八条进行了删除。该办法已于 2010 年废止。此外,2009 年 5 月国家环境保护部(今国家生态环境部)发布了《国家环境保护技术评价与示范管理办法》并规定国家环境保护行政主管部门负责全国环境保护技术评价、技术示范工作的组织、管理、指导、协调和监督,且有制订发布《国家先进环境保护技术示范名录》《国家鼓励应用的环境保护技术目录》等职责;省、自治区、直辖市环境保护行政主管部门负责本辖区环境保护技术评价、技术示范项目的组织、协调和管理工作,且有负责组织申报和初审,并向国家环境保护行政主管部门推荐本地区《国家先进环境保护技术示范名录》《国家鼓励应用的环境保护技术目录》的依托技术等职责。

4.2　大气污染防治技术推广相关的技术目录体系

1996 年通过的《科技成果转化法》第六条规定"国务院有关部门和省、自治区、直辖市人民政府定期发布科技成果目录和重点成果转化项目指南"。新修订的《科技成果转化法》第十二条也将"发布产业技术指导目录"作为支持科技成果转化的一种方式。发布技术目录已成为政府部门推动技术推广的主要方式。自 2000 年以来,《当前国家鼓励发展的环保产业设备(产品)目录》《国家重点行业清洁生产技术导向目录》等环保相关技术目录从无到有,涵盖了环境保护的多个方面。

环境保护涉及的范围很广,包括污染治理、生态修复、清洁生产、节能节水、资源综合利用等,从目前的职能划分来说,这些工作又分属于不同的部委,因此发布环境保护相关目录的部委较多,包括生态环境部、发改委、工信部、科技部等。但是,不同部门的侧重点和角度不同,如生态环境部发布的目录侧重污染治理,工信部发布的目录侧重环保装备和资源综合利用,科技部发布的目录侧重环保科技,发改委发布的目录涉及范围比较广,包括节能、清洁生产、资源综合利用和环保产业。因此,不同的环保技术目录在功能定位、配套政策、覆盖范围等方面具有各自的特点。

通过归纳分析,对生态环境部按照《国家环境保护技术评价与示范管理办法》规定发布的《国家先进环境保护技术示范名录》《国家鼓励应用的环境保护技术目录》及其他部委单独发布或联合发布的较为典型的 13 项环保相关目录进行了总结。13 项环保相关目录的发布共涉及 9 个政府部门,各部门参与技术目录的发布情况如图 4-1 所示。分析发现,各部委尤其是生态环境部、发改委、工信部和科技部对环保技术的推广工作非常重视,四个部委均参与了 4~6 项环保相关技术目录的发布工作,希望通过国家层面的环保目录的发布对环保技术和市场发展起到积极的引导作用。

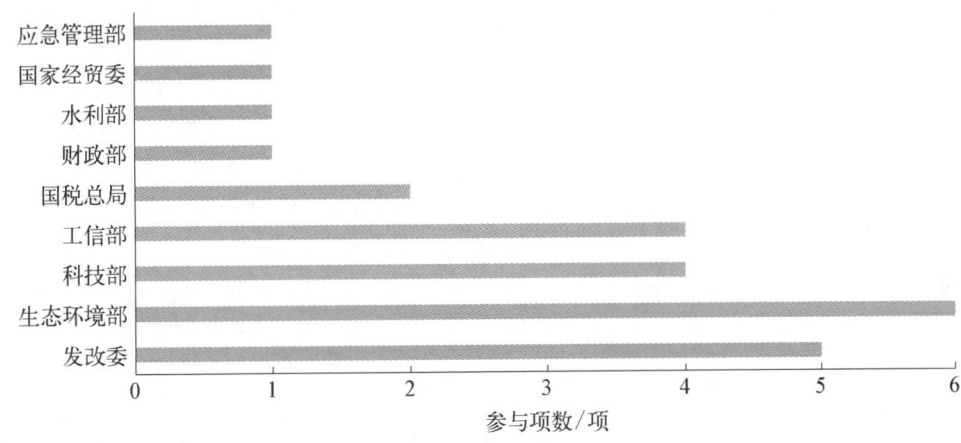

图 4-1　国家各部委参与技术目录的发布情况

4.2.1　国家各部委环保相关技术目录的功能定位

国家各部委发布的环保相关的 13 项技术目录中有 11 项侧重于引导先进技术/装备推广和示范,所占比例高达 84%(详见表 4-3)。由表 4-3 可知,在这 11 项目录中,有 8 项侧重于引导先进技术/装备的推广,另外 3 项还兼有引导技术示范的功能,将示范和推广技术在一个目录里发布,这说明相关部委更倾向于通过目录工作实现技术推广,而非技术示范。

技术推广相关目录中所列技术的成熟度比较统一,都具有先进性和工程应用基础,但尚未大范围推广。而且,部分目录还对发布技术的成熟度作了明确要求,如《国家鼓励发展的重大环保技术装备目录》中界定示范类项目为技术基本成熟、具有较好应用前景、急需产业化应用示范的环保技术装备;界定推广类项目为技术已经成熟、需要加大推广力度、扩大使用范围的环保技术装备。《国家重点节能技术推广目录》则不收录行业普及率在 80% 以上的技术。

除表 4-3 所列项目以外,还有环保部发布的《环境保护综合名录(2017 年版)》(环境保护重点设备名录部分)和财政部、国税总局和发改委联合发布的《环境保护专用设备企业所得税优惠目录(2008 年版)》,这两项目录的定位明显区别于上述所列 11 项目录,主要用于指导环保设备企业减免税的核定及为国家有关部门制定政策提供依据,其内容是现有主流环保设备的客观反映。

表 4 - 3　国家各部委发布的环保相关技术目录定位详情

序号	目 录 名 称	发布部门	定位	定 位 说 明
1	国家重点节能技术推广目录	发改委	引导技术/装备推广	引导企业采用先进的节能新工艺、新技术和新设备,提高能源利用效率。
2	国家重点行业清洁生产技术导向目录	发改委和生态环境部		全面推进清洁生产,引导企业采用先进的清洁生产工艺和技术。
3	当前国家鼓励发展的环保产业设备(产品)目录	国家经贸委、国税总局、发改委和生态环境部		只收录技术指标明显优于同类产品的项目,引导和鼓励环保产业发展、培育新的经济增长点。
4	再生资源综合利用先进适用技术目录	工信部		推广再生资源综合利用技术,促进再生资源技术产业化发展进程。
5	金属尾矿综合利用先进适用技术目录	工信部、科技部和应急管理部		推动金属尾矿综合利用技术发展。
6	水污染治理先进技术汇编	科技部		发挥科技创新在环境污染治理中的引领和支撑作用,推动水污染治理技术成果应用转化。
7	水利先进实用技术重点推广指导目录	水利部		鼓励和指导水利行业积极采用先进实用技术与产品,促进水利先进实用技术宣传与推广。
8	国家鼓励发展的环境保护技术目录	生态环境部		定位于引导成熟技术推广。所列技术为经工程实践证明技术成熟、污染防治效果稳定可靠、经济合理的各类环境保护技术、工艺和产品,主要用以指导各级环境保护部门和污染防治用户优先选用成熟可靠的技术。
9	国家鼓励发展的重大环保技术装备目录	工信部和科技部	引导技术/装备示范和推广	加强技术研发与产业化对接,引导环保装备产业发展。
10	国家鼓励的循环经济技术、工艺和设备名录	发改委、生态环境部、科技部和工信部		推广先进技术、工艺和设备,提升循环经济发展技术支撑能力和装备水平。
11	国家先进污染防治示范技术名录	生态环境部		定位于引导新技术示范。所列的新技术新工艺在技术方法上具有创新性,技术指标具有先进性,均为中国当前迫切需要的节能减排技术和工艺,并已基本达到实际工程应用水平。

4.2.2　国家各部委环保相关技术目录的配套政策情况

国家各部委发布的 13 项环保相关技术的目录中有 6 项配套政策有实质性的经济支持,所占比例达 46%;1 项配套推广政策。相关目录的配套政策详见表 4 - 4。

表 4-4　国家各部委发布的环保相关目录配套政策情况

序号	目 录 名 称	发布部门	政策类别	政策配套详情
1	国家重点节能技术推广目录	发改委	经济支持型	有配套的《节能低碳技术推广管理暂行办法》,还设立了节能技术改造财政奖励专项,制定了《节能技术改造财政奖励资金管理办法》,每年向各地方发改委征集改造项目。
2	国家鼓励的循环经济技术、工艺和设备名录	发改委、生态环境部、科技部和工信部		配套《循环经济发展专项资金管理暂行办法》,该管理办法规定该专项资金用于支持循环经济重点工程和项目的实施,循环经济技术和产品的示范与推广,循环经济基础能力建设等,还将清洁生产技术的示范和推广列入了重点工作范畴。
3	国家重点行业清洁生产技术导向目录	发改委和生态环境部		
4	当前国家鼓励发展的环保产业设备(产品)目录	国家经贸委、国税总局、发改委和生态环境部		首批和第二批目录都提出执行相关优惠政策,包括税收优惠、贴息补助、加速折旧等内容,后面批次不再提及,但目前正计划研究新配套政策。
5	金属尾矿综合利用先进适用技术目录	工信部、科技部和应急管理部		为实施《金属尾矿综合利用专项规划》(2010～2015 年)编制的配套目录,专项规划包含重点项目约500～700 个,总投资约 540 亿元,而且,规划提出要启动尾矿综合利用示范项目,国家从财政现有资金渠道、投融资政策等方面给予支持。
6	环境保护专用设备企业所得税优惠目录(2008 年版)(简称《目录》)	财政部、国税总局和发改委		配套政策文件《关于执行环境保护专用设备企业所得税优惠目录、节能节水专用设备企业所得税优惠目录和安全生产专用设备企业所得税优惠目录有关问题的通知》(财税〔2008〕48号),规定购置并实际使用列入《目录》范围内的环境保护专用设备,可以按专用设备投资额的 10% 抵免当年企业所得税应纳税额。
7	水利先进实用技术重点推广指导目录	水利部	推广支持型	有配套的《水利先进实用技术重点推广指导目录管理办法》,在科技推广规划编制、科技推广项目立项、推广示范基地建设、科技成果试用示范、推广培训等方面加大对水利先进实用技术扶持力度,对在多个重点工程中取得突出推广应用的成果,推广中心将给予技术持有单位适当奖励。

由表 4-4 可看出，实质性的经济支持包括专项资金、财政补贴、税收优惠等，其中，发改委发布的 4 项目录全都享受经济支持，而且集中在专项资金支持，如《国家鼓励的循环经济技术、工艺和设备名录》配套的《循环经济发展专项资金管理暂行办法》，该管理办法规定该专项资金用于支持循环经济重点工程和项目的实施，循环经济技术和产品的示范与推广，循环经济基础能力建设等，还将清洁生产技术的示范和推广列入了重点工作范畴；工信部和财政部发布的目录中各有 1 项享受经济支持，分别是专项资金和税收优惠，如财政部发布的《环境保护专用设备企业所得税优惠目录（2008 年版）》，相关的配套政策文件《关于执行环境保护专用设备企业所得税优惠目录、节能节水专用设备企业所得税优惠目录和安全生产专用设备企业所得税优惠目录有关问题的通知》（财税〔2008〕48 号），文件规定购置并实际使用列入《目录》范围内的环境保护专用设备，可以按专用设备投资额的 10% 抵免当年企业所得税应纳税额。

此外，还有 6 项目录没有调研到相关的配套政策，分别是生态环境部发布的《环境保护综合名录》（环境保护重点设备名录部分）、《国家鼓励发展的环境保护技术目录》和《国家先进污染防治示范技术名录》，科技部发布的《水污染治理先进技术汇编》以及工信部发布的《国家鼓励发展的重大环保技术装备目录》和《再生资源综合利用先进适用技术目录》。

相比之下，有实质性经济支持和配套推广政策的目录生命力较强，如发改委的《国家重点节能技术推广目录》从 2008 年至今已累计发布 6 批次，水利部的《水利先进实用技术重点推广指导目录》从 2007 年至今已累计发布 8 批次，而没有经济支持和配套推广政策的目录可持续发展性尚待观望。

4.2.3　国家各部委环保相关技术目录的覆盖领域

在国家各部委发布的 13 项环保相关的目录中，比较突出的特点是在清洁生产和资源综合利用方面已有不少专项目录，而且都有专项资金支持，如《国家重点节能技术推广目录》《国家重点行业清洁生产技术导向目录》《金属尾矿综合利用先进适用技术目录》和《国家鼓励的循环经济技术、工艺和设备名录》等，其中收录了众多清洁生产和资源综合利用方面的技术，此外《环境保护综合名录（2017 年版）》中的"重污染工艺与环境友好工艺名录"部分也收录了 88 个产品的清洁生产技术，各目录覆盖领域详情见表 4-5。

此外，《环保设备税优目录》《环保产业设备目录》《环保装备目录》《国家鼓励发展的环境保护技术目录》和《国家先进污染防治示范技术名录》5 项目录则是针对水、大气、固体废弃物、噪声等方面的环境污染治理设备和装备的技术目录，覆盖领域较广，但均无相关配套政策的支持。

表 4-5　国家各部委发布的目录覆盖领域详情

序号	目 录 名 称	发 布 部 门	目录覆盖领域
1	环境保护专用设备企业所得税优惠目录(2008 年版)	财政部、税务总局和发改委	水污染治理、大气污染治理、固体废物处置、环境监测及清洁生产
2	当前国家鼓励发展的环保产业设备(产品)目录	国家经贸委、国税总局、发改委和生态环境部	水污染治理、大气污染治理、固体废物处理、环境监测、噪声污染治理、节能与可再生能源利用、资源综合利用与清洁生产等方面的设备、环保材料与药剂
3	国家鼓励发展的重大环保技术装备目录(2011 年版)	工信部和科技部	水污染治理、大气污染治理、固体废物处理、环境监测、噪声污染治理、资源综合利用方面的设备、环保材料与药剂
4	环境保护综合名录(2013 年版)	生态环境部	环境监测和大气污染治理方面的设备、重污染工艺与环境友好工艺
5	水利先进实用技术重点推广指导目录	水利部	水利技术
6	水污染治理先进技术汇编	科技部	水污染治理技术
7	再生资源综合利用先进适用技术目录	工信部	资源综合利用技术
8	金属尾矿综合利用先进适用技术目录	工信部、科技部和应急管理部	金属尾矿综合利用技术
9	国家重点行业清洁生产技术导向目录	发改委和生态环境部	清洁生产技术
10	国家鼓励的循环经济技术、工艺和设备名录	发改委、生态环境部、科技部和工信部	循环经济类技术
11	国家重点节能技术推广目录	发改委	节能技术
12	国家鼓励发展的环境保护技术目录	生态环境部	城镇污水、污泥处理及水体修复技术,工业废水处理技术,除尘、脱硫、脱硝技术,工业废气治理、净化及资源化技术,固体废物综合利用、处理处置及土壤修复技术,工业清洁生产技术,重金属污染防治技术,农村污染治理技术,噪声与振动控制技术,监测检测技术
13	国家先进污染防治示范技术名录	生态环境部	

4.3　大气污染防治技术推广相关的资金支持

《科技进步法》《科技成果转化法》以及《国家科学技术奖励条例》《国家科学技术奖励

条例实施细则》《社会力量设立科学技术奖管理办法》《国家重点环境保护实用技术推广管理办法》等对科技成果及其转化都提出了相应的鼓励措施,国家及地方性法律法规通过技术目录、行政规章等多种方式对科技成果及其转化实行税收优惠、加大资金支持等鼓励措施,使我国已经形成了相对完善的科学技术奖励制度体系。

4.3.1　中国科学技术奖励制度

国家建立科学技术奖励制度,对在科学技术进步活动中作出重要贡献的组织和个人给予奖励。科学技术奖励制度是中国科技政策的重要组成部分,对科技创新具有评价、导向和激励的作用。随着《中华人民共和国科学技术进步法》的颁布和实施,中国形成了以国家科技奖励和省部级科技奖励等政府科技奖励为主、社会科技奖励为辅的科技奖励制度体系。中国政府设立的科学技术奖励可以分为国家级、省部级、地市级等层次。其中,设立了国家最高科学技术奖、国家自然科学奖、国家技术发明奖、国家科学技术进步奖、国际科学技术合作奖等5项国家级奖项。省部级奖励办法有生态环境部发布的《环境保护科学技术奖励办法》、水利部发布的《农业节水科技奖奖励办法》等。地市级奖励办法根据各地方特点比较具体,如2014年9月北京市财政局、市环保局等部门联合发布了北京市《大气污染防治技术改造项目奖励资金管理办法》,鼓励企业采用先进的污染防治技术,实现治污减排。

综上,国家级奖励制度侧重顶层设计和宏观引导;省部级科技奖励一般作为国家级科技奖励的基础和前提,也为国家科技奖励有效运行提供保证;地市级科技奖励通常为省部级科技奖励提供推荐或补充,且奖励范围更具体、更精细。

4.3.2　中国科技成果转化基金

《科技成果转化法》中提出鼓励设立科技成果转化基金或风险基金。2011年财政部、科技部联合印发《国家科技成果转化引导基金管理暂行办法》,启动了国家科技成果转化引导基金工作。2014年科技部、财政部在北京共同召开国家科技成果转化引导基金启动推进会,宣布正式启动国家科技成果转化引导基金。

科技成果转化引导基金是中央财政支持科技成果转化的重要进展标志。以中央财政投入作为"母基金",通过创业投资子基金、贷款风险补偿和绩效奖励等支持方式,依靠转化基金申报平台、国家科技成果转化项目库等业务平台,充分发挥财政资金的杠杆作用,完善多元化、多层次、多渠道的科技投融资体系。科技转化引导基金主要用于支持转化,利用财政资金形成的科技成果,包括国家(行业、部门)科技计划(专项、项目)、地方科技计划(专项、项目)及其他由事业单位研发的新技术、新产品、新工艺、新材料、新装置及其系统等。

2016年12月公布的《2016年度国家科技成果转化引导基金拟设立创业投资子基金》

中包括 6 个子基金,其中 2 个子基金主要投资方向涉及环保领域,子基金总规模达 131 亿元,科技成果转化引导基金拟出资 28 亿元。

4.4　小结

本章概述了大气污染防治技术推广相关的法律法规、技术目录、资金支持等内容,可见我国已经形成了相对完善的技术推广体系,做到了有法可依、有据可参。但还需要进一步完善:

1. 深入贯彻落实新修订的《科技成果转化法》及其相关法规

随着 2015 年《科技成果转化法》修订,2016 年《若干规定》及《行动方案》的陆续出台,我国技术成果转化进入了新的阶段。《2016 年度国家科技成果转化引导基金拟设立创业投资子基金》进入公示阶段,各地陆续出台技术成果转化相关规定,国家及各地方的促进科技成果转化重点任务相继展开。各级政府、企业及科研事业单位等应当深入贯彻落实修订后的《科技成果转化法》及其相关法规,切实打破科技成果使用、处置和收益权等政策障碍,保障科技成果实际落地应用和转化。同时,推动相关技术推广政策的不断完善,健全技术推广后环境效益保障和技术应用效果监督、第三方运营责权界定等法规,通过切实深入贯彻落实新修订的技术成果转化相关法律法规和其他法规的不断完善,为环保技术推广提供更有力的政策支持和法律保障。

2. 加强政府对技术目录中配套资金和推广政策的支持力度

根据 2018 年国务院机构改革方案通过,该方案将现有技术目录进行整合,并进一步具体化、专项化地制定专项目录。根据不同目录,增加适当的财政支持,如专项资金、税收优惠及财政补贴等,发挥政府资金的杠杆作用,加强社会资本和科研院所的产学研合作,引导社会资金进入创业投资领域。同时指出应该重视技术的效果性,侧重技术的前端评估,更应重视技术的效果评估,将技术目录中的技术进行推广,且都应将提高资源的产出率、降低环境污染的负荷作为考核指标,根据考核追加推广资金扶持。同时,对已经开展应用的技术及其案例进行评估或评价,实施技术目录滚动制。

3. 推进建设科技成果转化奖励体系

依托国家科技成果转化引导基金,深入拓展、进一步细化,各科研单位加强设立科技转化专项基金,尤其是加大技术推广相关的奖励,提出技术推广奖励方案。采取科研机构和企业、金融机构相结合的方式,形成科研机构开发技术、企业进行推广应用、金融机构投入资金支持的技术转化体系;根据各个环节设立奖励,包括科研奖、成果转化奖、最佳投资奖、技术推广效果奖等奖项,并根据成果转化过程中的投入确立收益分配奖励的占比,形成科技成果转化奖励体系,以鼓励技术推广相关人才推动技术转化,缓解技术转化过程中融资难的问题。

第 5 章
大气污染防治技术推广平台机制

当前,世界已经迈入大数据时代。随着互联网、物联网、云计算等信息技术的迅猛发展,信息技术与人类世界政治、经济、军事、科研、生活等方方面面不断交叉融合,催生了超越以往任何年代的巨量数据。遍布世界各地的各种智能移动设备、传感器、电子商务网站、社交网络等每时每刻都在生成类型各异的数据。"互联网＋"和大数据分析已成为环境治理体系的重要推动力量。环保工作要善用云计算、社会计算、大数据等新一代信息技术的新工具和手段,整合全球范围内的技术、资本、人才等资源,为环保技术创新和推广创新提供信息和平台支撑。基于此,本章研究开发大气污染防治技术推广平台,以汇聚资源,实现线上技术推广,推动大气环保技术供需对接和应用。

5.1 大气污染防治技术推广相关平台的现状

1996 年实施的《科技成果转化法》提出"国家推进科学技术信息网络的建设和发展,建立科技成果信息资料库,面向全国,提供科技成果信息服务。"从 1999 年开始,中国建立了"国家科技成果信息系统""国家科技成果库"等技术平台系统,并形成了以"国家科技成果库"为核心发布最新科技成果和项目信息的"国家科技成果网"(简称"国科网")(http：//www.nast.org.cn)。2005 年起,在国家科技基础条件平台计划的支持下,启动了科技成果转化公共服务平台建设,目前全国已形成并建立了 100 多个科技成果信息平台,并大致可分为科技成果发布平台及科技成果推广平台。2016 年国务院办公厅印发的《促进科技成果转移转化行动方案》将"开展科技成果信息汇交与发布"作为重点工作方向,并把"建立国家科技成果信息系统"作为重要任务之一。

政府部门的科技成果信息平台可以有效地集成科技成果资源,建立标准统一、指标规范的科技成果信息。"国家科技成果网"是由国家科学技术部创建,国家科学技术奖励工作办公室管理,以科技成果查询为主的大型权威性科技网站。国科网共由三个子平台组成:一是面向全国科技成果等级与统计的工作性平台,二是面向科技成果转化的服务性平台,三是面向全国科研人员、科技工作者的沟通平台。

各行业主管部门根据行业特点推出了一些技术推广平台,如生态环境部对外合作与交流中心搭建的环保技术国际智汇平台(3iPET)(www.3ipet.cn),全国农业技术推广服务中心主办的全国农技推广网(www.natesc.org.cn),住房和城乡建设部科技发展促进中心主办的全国建筑节能与建设科技推广服务平台(www.chinaeeb.com.cn),宇墨企业管理咨询(上海)有限公司建立的集成技术转移和投融资渠道的全球清洁技术平台(http://cn.umoregroup.com)等。各行业主管部门推出的技术推广相关平台都具有各自特点,能够精准定位技术供需信息,集成技术信息,整合各方资源。政府背景的平台多为公益性平台,难以实现有效商业化对接。非政府部门的环保技术推广平台一般由第三方机构主导,较政府而言,又缺乏公信力,掌握的供需双方资源有限。因此,目前环保技术推广平台多偏向于技术汇集和宣传,技术推广作用弱。技术推广商业模式尚不清晰,对技术的推广作用效果不佳。

5.2 大气污染防治技术推广平台建设

5.2.1 平台设计理念

基于大气污染防治技术推广需求,深入分析技术推广过程中的规律,坚持以大气环境保护与治理技术市场的发展需求为导向,以大气污染防治技术供需对接为核心,以环境工程设计、建设与跟踪评估的全过程信息服务为宗旨的设计理念建设大气污染防治技术推广信息平台,全面考虑大气污染防治技术供需的精准匹配等核心需求,具体设计理念如下:

(1)以大气污染防治技术市场的发展需求为导向。在国家深入推进大气污染防治攻坚战的背景下,面向环保技术市场发展的信息支撑需求,开展平台设计,促进环保技术、大气污染治理需求、专家资源、金融资本等信息资源的高效配置和深度应用,促进大气污染防治技术市场的快速健康发展。

(2)以大气污染防治技术供需对接为核心。紧紧围绕环保技术供需对接这一核心功能,开展信息资源的梳理整合和功能设计,能够使大气污染防治技术需求方方便快捷地找到所需技术,同时实现与技术供给企业的快速有效对接。

5.2.2 平台系统框架

平台采用通用平台分层设计,分为基础支撑层、数据层、应用层和用户层,主页显示信息平台要素,用户登录入口,网站版权。网站内容包括大气污染防治资讯、大气科学会议活动、大气污染防治技术供需、电子展馆、平台服务、解决方案、企业信息展示、招投标信息、监测设备、专家在线等板块名称导引。显示平台全球的合作伙伴名称、国内外基地名称。

同时主页提供信息查询模块,实现大气污染防治技术供给信息、技术需求信息、国内外案例、大气领域专家信息等的分类查询和展示。平台总体架构如图5-1所示。

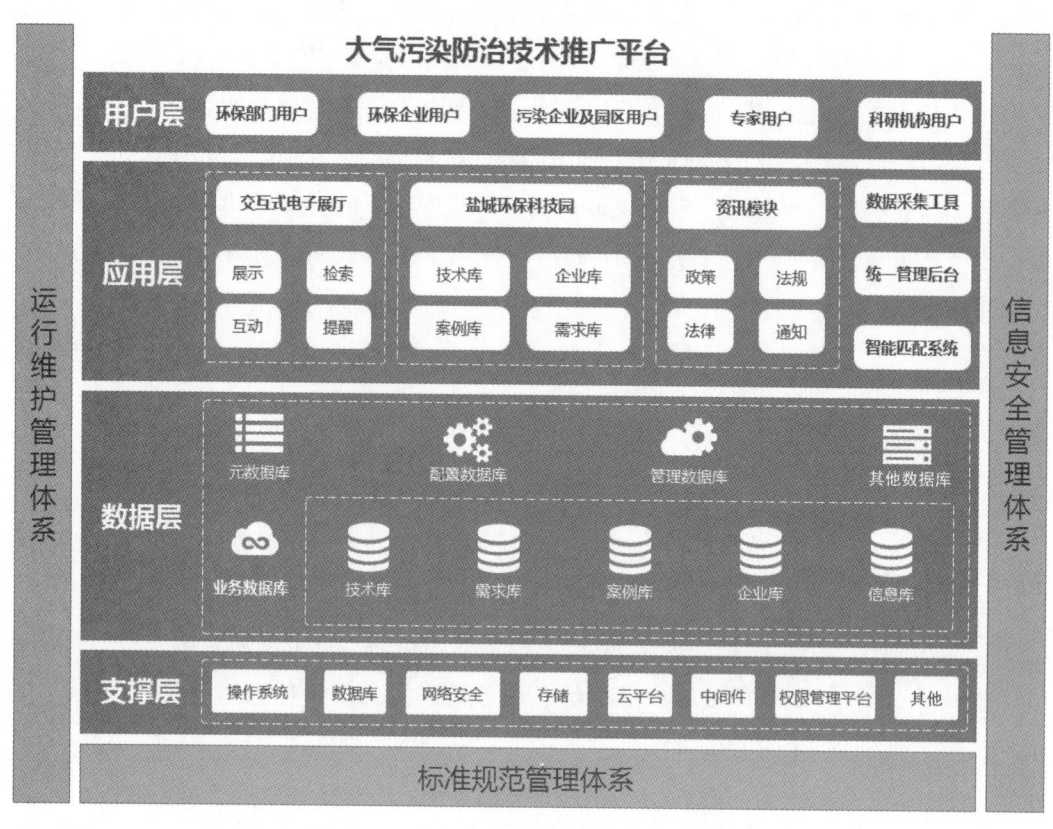

图5-1   大气污染防治技术推广平台框架图

5.2.3   平台建设主要模块及功能

1. 盐城环保科技园区模块

集中展示环保技术、企业和案例等内容,切实服务环保技术供需对接、技术推广需求。具体为:

(1) 企业展示

展示内容包括企业名称、主题图片、企业照片等,展示方式如图5-2所示。

(2) 技术展示

展示内容包括技术名称、主题图片等,展示方式如图5-3所示。

图 5 - 2　企业展示板块

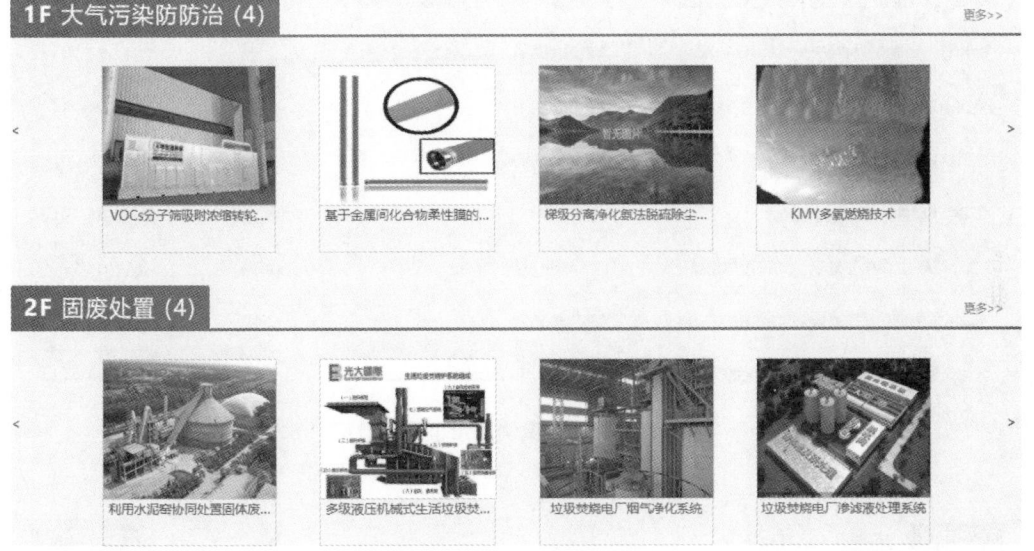

图 5 - 3　技术展示板块

（3）案例展示

展示内容包括案例名称、主题图片等，展示方式如图 5 - 4 所示。

2. 开发大气污染防治技术基础数据库

根据大气污染防治技术的特点和技术特征，大气污染防治技术推广平台建设了基础数据库，包括企业库、技术库、需求库和案例库等基础数据库，用于支撑供需展示与对接功能，各数据库可实现技术供需双方在平台中自行发布和后台管理统一发布。

开发基于 PC 端的供需企业自行发布系统和后台管理统一发布系统。

3. 建设技术供需展示模块

技术供需展示模块包括技术、需求、案例、企业等展示板块，实现技术、案例、企业等相关信息的关联（图 5 - 5）。

技术供给板块展示大气污染防治技术，可根据行业、领域、国家或地区等条件或关键词检索。具体展示以图片、视频、文字等内容形式进行介绍，按技术信息属性进行呈现，如：技术名称、技术优势、适用范围、技术参数、经济参数等（初步分析有 20 多项属性），同时要求显示关联的案例和企业信息。技术需求板块展示需求库的技术需求信息，可根据

案例名称	领域	行业	地区	发布时间
广州瑞明电厂烟气汞在线监测项目	大气污染防治			2018-04-27
山东潍坊润丰化工股份有限公司西厂区B30...	挥发性有机物VOC		山东	2018-04-26
山东昌邑石化有限公司设备密封点泄漏检测...	大气污染防治			2018-04-26
捷安特(天津)有限公司废气处理项目	挥发性有机物VOC			2018-04-26
高效、长久生物土壤法污水恶臭气体处理技术	大气污染防治	工业园区混和废水...	江苏	2017-08-27
陆川县固体废弃物制备天然气综合利用项目	大气污染防治	氮肥 农业农村污水	广西	2017-08-21
全自动分析环境空气VOC样品,符合标准方...	大气污染防治		美国	2017-04-21
全自动分析环境空气VOC样品,符合标准方...	大气污染防治		美国	2017-04-20
CFB中小型锅炉超洁净排放技术	燃煤烟气			2017-04-19
"S"半导体 CVD工艺 无火焰高温催化氢化...	其他		韩国	2017-04-17
固定式实时恶臭、气象检测系统制造及安装	大气污染防治		韩国	2017-04-14
金牛天铁煤焦化有限公司煤气净化车间脱硫...	燃煤烟气			2017-04-11

图 5-4 案例展示板块

排列方式 按时间 ↓ 按热度 ↓				我要发布
技术名称	领域	行业	地区	发布时间
密封点无组织挥发性有机物(VOCs)泄漏管控技术	挥发性有机物...	化工 石化		2018-06-09
高效吸附-强化脱附回收VOCs技术	挥发性有机物...	石化 有机化工...	北京	2018-09-11
燃煤电厂湿式静电除尘技术	燃煤烟气	火电	湖北	2018-09-08
水泥窑协同处置技术	工业场地 大气...		北京	2018-09-06
STEAG的SO$_2$排放控制解决方案	工业炉窑烟气		美国	2018-09-04
脉冲电子束脱硝技术	工业炉窑烟气		美国	2018-09-03
VOC和CO的脱除催化剂	挥发性有机物...		美国	2018-09-02
循环流化床锅炉选择性非催化还原法(SNCR)脱硝技术	燃煤烟气	火电	四川	2018-08-31
AtmosAir双极电离技术	室内环境	家具 其他	美国	2018-08-30
工业锅炉脱硫脱硝一体化技术	工业炉窑烟气	火电	上海	2018-08-30
工业锅炉烟气尿素湿法同时脱硫脱硝技术	工业炉窑烟气	火电	广东	2018-08-27
芬兰高压射频空气净化器	室内环境		芬兰	2018-08-22

图 5-5 技术供需展示模块

条件或关键词检索、筛选技术需求信息。案例和企业展示板块展示相关信息,可根据条件或关键词检索。

开发基于全端的企业库、技术库、需求库和案例库多个基础数据库展示模块,提供技术供需及相关各数据库展示功能。

4. 建设技术对接互动功能

在技术和需求详情页,通过供需对接按钮进入本功能。展示对接所需填写的信息,包括对接技术或需求信息标题、联系方式、对接留言等,执行对接。被对接一方登录平台可收到对接信息,并执行回复,实现对接的交互流程。

开发基于线上互动的技术供需对接系统,实现技术对接互动线上交互功能(图5-6)。

图 5-6　技术供给对接平台

5. 建设智能匹配功能

基于技术供需数据库和案例数据库,建立除尘领域供需智能匹配模型 1 个,基于智能数据遍历、比对,实现除尘技术的智能筛选和匹配。

开发基础技术智能匹配模块,与行业专家协同,实现除尘技术智能筛选和匹配的应用(图5-7)。

6. 建设用户管理中心

协助开发并建立信息发布制度和流程,基于 PC 端浏览器 B/S 架构开发用户注册、登录和管理系统。① 用户完成注册后,可以进行实名认证,认证通过后可发布和管理信息,包括技术信息、需求信息、案例信息;② 实现供需对接信息发起、查看管理;③ 开发站内信功能,用户间通过站内信实现相互沟通,获得后台管理员信息推送,包括会议通知、技术信息等;④ 实现用户向管理员提交意见反馈功能。

实现个性化推送功能。根据各用户不同喜好的信息自动化推送来实现供需高效智能

图 5-7　智能匹配模块

对接功能,结合用户行为分析数据和行为分析方法,为每个用户自动生成不同的喜好引擎,基于各用户喜好引擎,实时自动感知数据库历史信息和新发布信息,为用户智能推送最佳匹配的技术、需求信息。

7. 建设统一后台管理系统

基于 PC 端浏览器 B/S 架构建设,针对 PC 端平台、手机端中的内容,以及技术库、需求库、案例库等各数据库进行统一管理,对用户发布的技术、需求、案例等信息进行审核维护,对智能匹配模型数据条件进行维护,对各类用户资料进行管理、认证审批等,向用户发布消息通知,查看对接记录等。

为 PC 端平台、手机端提供统一服务器端数据和业务交互 API(Application Programming Interface)。支持多管理员共同管理,各管理员根据不同权限管理各自拥有权限的模块。管理员账号、密码由超级管理员分配。

具体包括以下功能:

(1) 对数据库的数据进行分析和加工;

(2) 对注册用户的信息进行管理;

(3) 数据库统计分析,对技术、需求、案例等各类数据库信息,生成各种统计报表、打印报表;

(4) 智能、手动相结合为用户推荐对接信息;

(5) 对智能匹配模型进行条件定制设置;

(6) 管理用户提交的反馈意见;

(7) 向用户发送站内消息;

(8) 后台管理员账号管理和权限分配;

(9) 用户行为数据统计分析,按照技术类别、技术参数、点击量、对接行为、对接偏好等进行统计分析。

5.3　平台商业运行模式

具备盈利能力是平台生存和发展的必备条件。依托政府项目资金,平台完成了初步建设,未来,平台功能升级和维护需要持续的资金投入,因此探索平台商业化运作模式非常重要。

根据国内外相关平台运营管理经验,平台在发展的起步阶段,大多是通过收取技术供给者或技术需求者佣金的形式取得收入,至今仍有较多平台收取佣金。但随着技术交易平台的发展,依靠佣金生存在面临外界竞争压力的情况下很难持续,现在已有较多平台将收入重点转移向技术评估、商业化计划开发、市场预测等深度增值服务,以及参股的股权收益,盈利模式也一直在不断创新。

依据平台定位,制定平台商业化运作模式。平台由生态环境部对外合作与交流中心成立专业团队开展平台运营管理。平台收入来源可以分为线上服务收入和线下服务收入。线上服务收入包括信息发布费。信息发布费的收费标准是发布一条信息必须缴纳一定费用,为技术持有方提供技术线上展示服务。线下服务费用包括交易佣金和增值服务费。交易佣金是平台对每笔交易收取一定费用,该费用一般占交易总额的 15%。增值服务包括提供技术评估服务、商业化计划书编制、市场预测等服务。视客户所要求服务类型不同而设定不同的收费档次。条件成熟后,平台可以委托第三方公司进行运营。平台收入还包括广告收入和股权收益。股权收入是指平台以合理价格购入大学或实验室的技术,再以股权入资形式投入客户企业,获取股权收益。

5.4　平台用户行为分析

利用互联网技术大数据原理,通过用户行为数据分析,研究大气污染防治技术推广影响因素及驱动力,并综合考虑理论研究过程中各影响因子在互联网应用中的影响,对比分析异同,相互反馈,完善已提出的技术推广机制和政策建议。

5.4.1　用户行为数据的获取

针对一个网站,数据挖掘的关键步骤之一就是要采集用户感兴趣的数据集。按照服务器记录信息的不同,数据挖掘对象来源于客户端数据、代理端数据、服务器端数据三类数据。在 Web 使用过程中,从不同数据源收集而来的数据反映了用户行为的不同。

1. 客户端数据

客户端数据可以比较全面和准确的收集(利用远程 Agent)用户数据。所谓"客户端远程 Agent"就是运用 Applet 技术在客户端获取用户浏览行为。

2. 代理端数据

代理端可以揭示来自访问多个服务器多用户的实际 http 请求,代理端的缓存可以减短客户端访问对网络的装载时间,降低对 Web 服务器的访问,减少服务器端的工作负载。

3. 服务器端数据

服务器端的数据,记录了网站用户访问该站点时每个页面的请求信息,Web 服务器上存放日志文件时采用 ECLF(扩展型日志格式)。其格式如表 5-1 所示。

表 5-1   Web 日志属性描述

功 能 描 述	字 段 名	中 文 含 义
请求页面的日期	date	日期
请求页面的时间	time	时间
Cookie 标识	Cookie	con(cookie)
远程主机的 IP	ct-ip	IP 地址(客户端)
用户的标识	con-usemame	用户名
客户端连接的端口号	ser-port	服务器端口
客户端所访问该站点的 Internet 服务	ser-name	服务名
生成日志项的服务器的 IP 地址	ser-ip	IP 地址(服务器)
生成日志项的服务器名称	ser-name	服务器名
客户端试图执行的操作	con-method	方法
访问的资源	con-uri-stem	URL 资源
服务器响应情况	sc-status	状态
客户端尝试执行的结果	con-uri-query	URL 查询
服务器发送的字节	sc-bytes	发送的字节
服务器接收的字节	con-bytes	接收的字节
服务器 IP 或域名	server	服务器
URL 请求资源和 URL 请求方法	Request	请求
估计完成浏览需要的时间	time-taken	预计时间
传输用的协议版本	con-version	传输协议版本
显示主机的内容	con-host	主机
上级页面	Superior	反向链接

5.4.2   用户行为数据分析

不同的用户对网页的兴趣度也不同,如何满足不同用户的各种需求是网站管理员最挂心的事。采集 Web 服务器日志与百度统计,并将其归集起来,利用归集起来的数据接着对用户行为进行分析(表 5-2)。

表 5-2　流量指标参数描述

参　数　名　称	说　　　明
浏览量(PV)	即通常说的 Page View(PV),用户每打开一个网站页面就被记录 1 次。用户多次打开同一页面,浏览量值累计。
访客数量(UV)	一天之内网站的独立访客数(以 Cookie 为依据),一天内同一访客多次访问同一网站只计算 1 个访客。
IP 数	一天之内网站的独立访问 IP 数。
跳出率	只浏览了一个页面便离开了网站的访问次数占总的访问次数的百分比。
平均访问时长	访客在一次访问中,平均打开网站的时长。即每次访问中,打开第一个页面到关闭最后一个页面的平均时间,打开一个页面时计算打开关闭的时间差。

根据百度统计对本平台中期上线试运行近一个月(2018 年 10 月 25 日至 2018 年 11 月 24 日)流量情况可知,浏览量(PV)为 3 014,访客数(UV)为 292,IP 数为 181,跳出率为 16.97%,平均访问时长为 17 分 20 秒。其中有 211 UV 为新用户访问,其占总访问量的 73.18%,81 UV 为老用户访问,其占总访问量的 26.82%。原始数据如图 5-8、5-9 所示。

根据统计数据反馈用户通过输入域名直接访问平台的占总用户的 99.99%,通过搜索引擎访问平台的占总用户的 0.01%,暂无通过其他方式访问平台的访问者。

根据统计数据表明访问平台前三名的访问者来自安徽、江苏与北京。

访问用户使用计算机浏览器访问平台的占总访问量的 99% 以上(图 5-10)。

通过分析上述数据,可发现以下现象:由于该平台启动仪式在"2018 盐城环博会"上举行,因此新用户增长迅速,这说明线上平台用户增量离不开线下活动推介,实施 O2O 的平台运营方式是本平台符合现实的运营策略;新老用户 99.99% 直接输入平台网址访问,说明用户在搜索引擎搜索本平台还比较困难,或者说更愿意使用直接输入网址方式打开平台;用户跳出率较低,且用户访问平台时间较长,说明平台内容对于用户价值较大,一旦用户进入平台,愿意比较耐心浏览各页内容;日访问量总体较低,说明行业用户大多还不知道本平台,需要进一步将本平台进行宣传推广;电脑端访问用户占比很大,说明访客一般是在单位上班期间打开该平台,是标准的为了工作使用本平台,用户需求较为明确;平台能够直观反映出用户对某些技术比较感兴趣,可通过数据快速精准分析出大气污染防治行业对技术需求的方向,并能据此为大气污染防治技术推广提供建议。

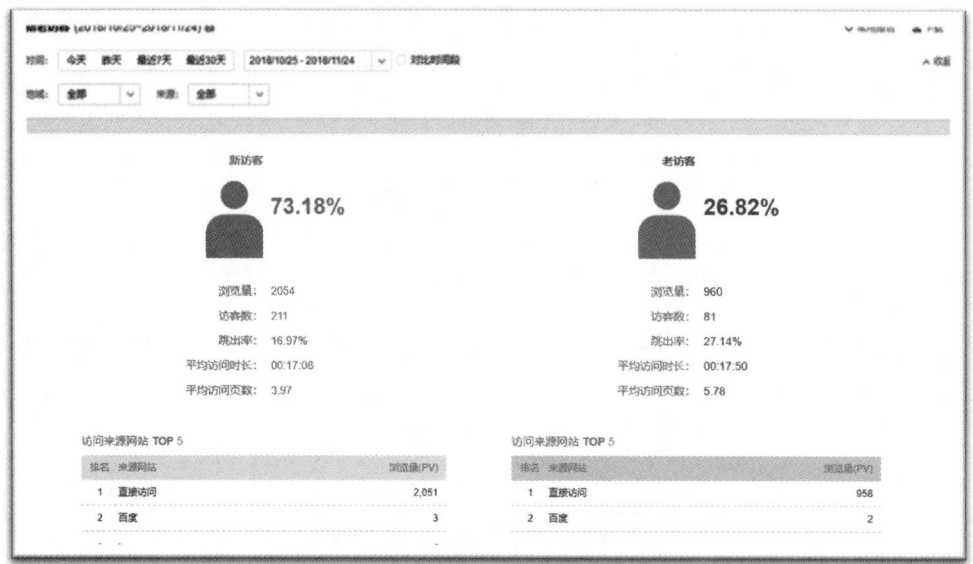

图 5-8   流量统计新老访客数据图

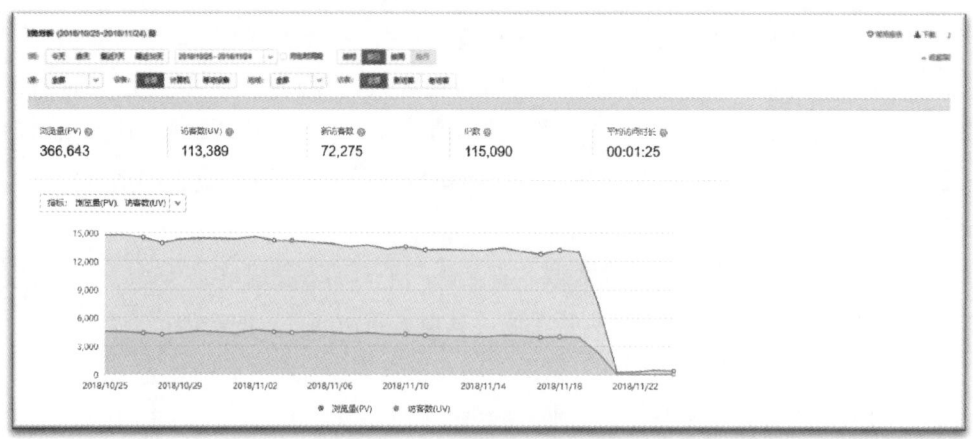

图 5-9   日访问量统计趋势图

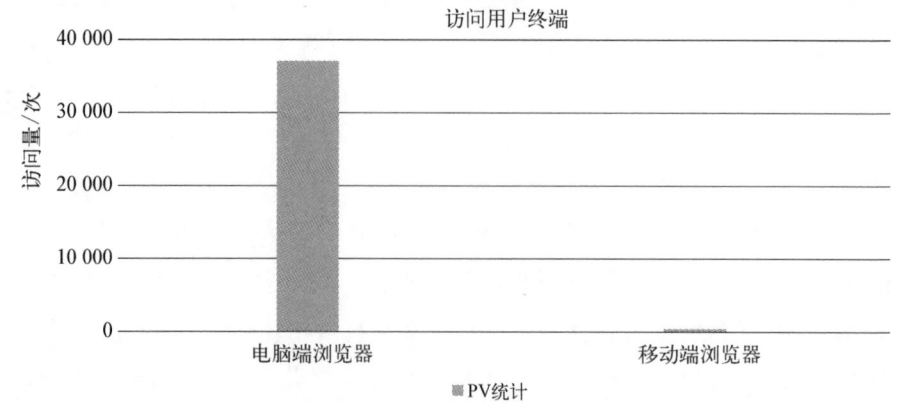

图 5-10   访问用户终端 PV 统计

5.5　小结

本章基于大气污染防治技术推广相关平台现状分析发现,目前环保技术推广平台多偏向于技术汇集和宣传,对技术的推广作用效果不佳。因此,本章构建了大气污染防治技术推广平台,并通过对平台用户访问数据和平台内交互数据的分析,得出线上技术推广影响因素主要为"一力五度",即线上平台影响力、技术信息完整度、企业信息完整度、平台用户友好度、平台内容价值度以及平台可访问速度。

根据线上技术推广的"一力五度"影响因素分析,建议线上技术推广要完善平台信息完整和规范、吸引用户使用、紧跟用户步伐,同时优化内容价值体系。

第6章

大气污染防治技术推广
案例分析与推广模式

大气污染防治技术推广模式是该技术成功推广的关键,只有模式清晰才能可持续运转。本章总结了现有大气污染防治技术推广模式,按照技术推广主体可分为:政府型、行业组织型、企业型。政府型分为国家层、省级、市级等,其推广模式主要受政策驱动、资金支持、技术名录、奖惩规则等因素影响。行业组织型主要为第三方治理机构,包括行业协会、学会、平台、非政府组织、民间组织等,根据机构本身特征,主要有技术路演、技术对接会、线上技术对接、技术展会等。企业型分为技术持有企业和技术需求企业,技术企业根据其企业特点和技术特点,受企业规模和资金影响,大型企业具有自身造血功能,已经具有成熟的商业推广模式,分析研究其推广模式成功的经验和存在问题,中小型企业资金、渠道等不完善,分析研究如何配套协助,如何疏通推广渠道。同时受技术特点,比如不同阶段技术研发阶段、技术示范阶段和成熟技术推广阶段影响。采用问卷调查和实地调研法,研究分析不同类型机构概况,根据我国大气污染防治现状和技术需求,提出有利于技术创新、技术研发、技术转化的大气污染防治技术推广机制和政策建议。

6.1 以政府为背景的技术推广手段及模式

6.1.1 案例分析

6.1.1.1 商务部投资促进事务局政企合作推广模式

商务部投资促进事务局是商务部直属单位,主要执行中国"引进来""走出去"相关政策,为中国吸收外资和企业对外投资提供双向投资促进服务,工作模式是典型的投资型技术推广模式。建立有"投资项目信息库",包括招商引资项目(政府招商引资项目、开发区招商引资项目、企业引资项目)以及投资意向,开展地方与地方、政府与企业、机构与企业、中外双边投资等合作,组织优秀技术在产业园区示范,然后进行推广。这种模式对接项目类别多,覆盖面广,国内外项目均有涉及,技术对接更偏向于国际对接、技术入园等大型项目,并且有相应资金支持,对接效果较好,但对于中小企业技术对接相对不利,且对接范围宽泛,对于环保领域,尤其大气环保技术推广偏少。

6.1.1.2　中国环保产业协会技术推广模式

环保产业协会是由环保产业的行业专家自愿组成的社会团体,是具有社团法人资格的跨地区、跨部门、跨所有制的全国性、行业性的非营利性社会组织,主要针对中国环保技术,为我国环保技术发布提供良好展示平台,为企业提供技术、设备、市场信息,组织实施环境保护产业领域的产品认证、工程示范、技术评估与推广,组织合作交流活动,帮助企业引进资金、技术和设备。环保产业协会作为企业和政府直接沟通和协调的桥梁,具备一定公信力,受政府监督,但又有自治性。通过会员制度,保障优秀企业利益。但它缺乏技术转移后的跟踪服务,建议与科学技术孵化机构(高新技术创业服务中心)联合运作,为其提供信息源头,筛选优秀技术用以培育转化。

综上几种以政府为背景从事技术推广工作的典型机构模式表明,政府型技术推广机构可以很好地利用国家平台,其信息源广泛且可靠,项目信息涉及国内外各个环保领域,但对项目成果的展示不足,项目上门门槛低,偏重于信息平台的搭建与技术项目的收集发布,对企业资质、项目实际情况重视不够,未从项目或技术产业化、推广、转化的角度对项目进行筛选、分类、整理,需要进一步加强产业链的链接,实现技术供需对接、推广落地。

6.1.2　政府主导型技术推广模式

政府主导型技术推广模式是指在市场经济体制下,由政府在环保技术推广活动中充当主力的模式。政府的主导方式、组织形式、政策导向以及资金支持等因素决定着环保技术推广的方向以及环保技术的采用水平,进而影响着环保产业的发展。政府主导目前是我国环保技术推广的主要模式,在环保技术推广和环保产业发展中发挥着巨大的作用。该模式中政府主要负责制定相关法律法规、政策、标准等以及新技术的评估方法和规范,发布先进环保技术目录,设立科学技术奖励,资助科学研究项目和配套财税支持政策等,其主要工作方式为组织选择重要性强、辐射面广的技术领域进行试点示范或设计成专项进行科技攻关。该推广模式具有权威性,政府主导推广的技术往往更容易受到需求方的认可。调研结果显示,政府在技术推广中的重要性是所有企业的共识,企业更愿意选择政府部门发布的目录中的环保技术或者是获得过国家科学技术奖励的环保技术。但是政府主导型技术推广缺乏抓手,难以落地。

6.2　平台类、组织型技术推广运行模式

6.2.1　案例分析

6.2.1.1　环保技术国际智汇平台（3iPET）运行模式

在生态环境部支持下，以生态环境部对外合作与交流中心为基础建立了污染防治国际技术支持中心，着力打造了3iPET。该平台围绕水、大气、土壤污染防治及节能减排等重点工作，推进国际节能环保技术交流合作，推动环保技术"引进来""走出去"和产业化发展。平台主要功能为：集成与展示、对接与推广、评估与咨询、投资与金融、交流与合作，平台组织框架如图6-1所示。该平台具有国际特色，集合中国和国外资源，建立有国内外基地，提供技术推介和需求；采用政策与产业相结合，推动成果转化和产业发展。采用线上加线下模式，推动多元素互联互通，线上建立有强大的数据库系统，链接项目源及需求源，线下举办技术转移、技术对接、投融资交流会等，推动技术推广和对接。

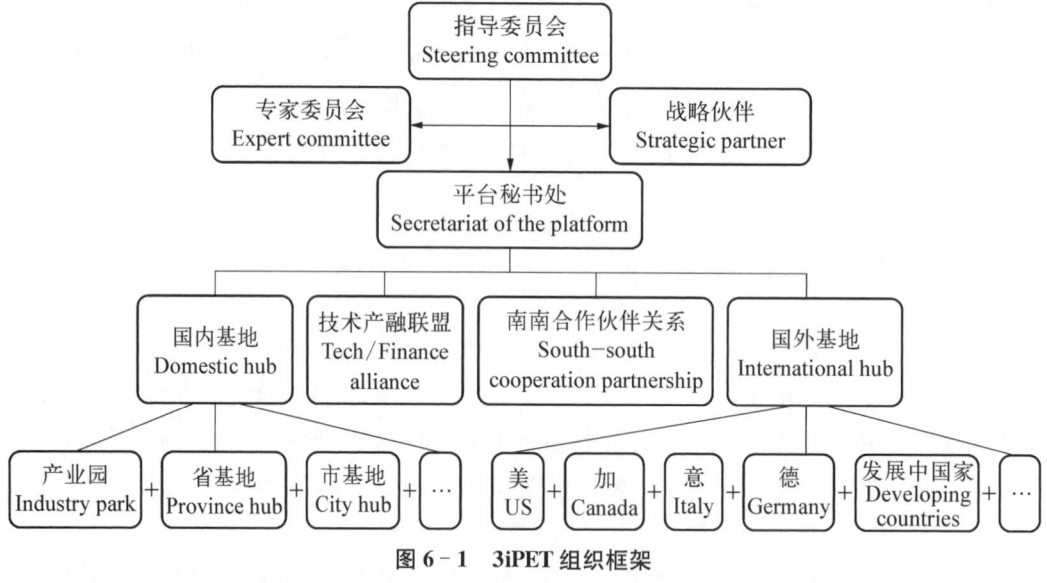

图6-1　3iPET组织框架

6.2.1.2　浙江省环保公共科技创新服务平台

浙江省环保公共科技创新服务平台于2009年启动建设，2013年9月通过省科技厅验收。省环保厅为该平台领导小组组长单位，浙江省环境科学研究院为牵头单位，浙江大学和浙江工业大学为核心共建单位。该平台下设水、固、气3个子平台、7个工作站，有18家平台紧密层单位和多家会员单位，建立了较为完善的组织机构和规章制度，搭建了由地方环保局、研究院（所）、平台工作站紧密结合的服务网络体系。平台按理事会模式运作，设立领导小组、监督委员会、专家咨询委员会和平台办（秘书处），见图6-2。平台在宁波、

金华、衢州、丽水、余杭区、上虞区和建德等地建有 7 个工作站,作为加强与企业需求对接的纽带与桥梁,服务范围基本覆盖全省环境问题较突出的地区。

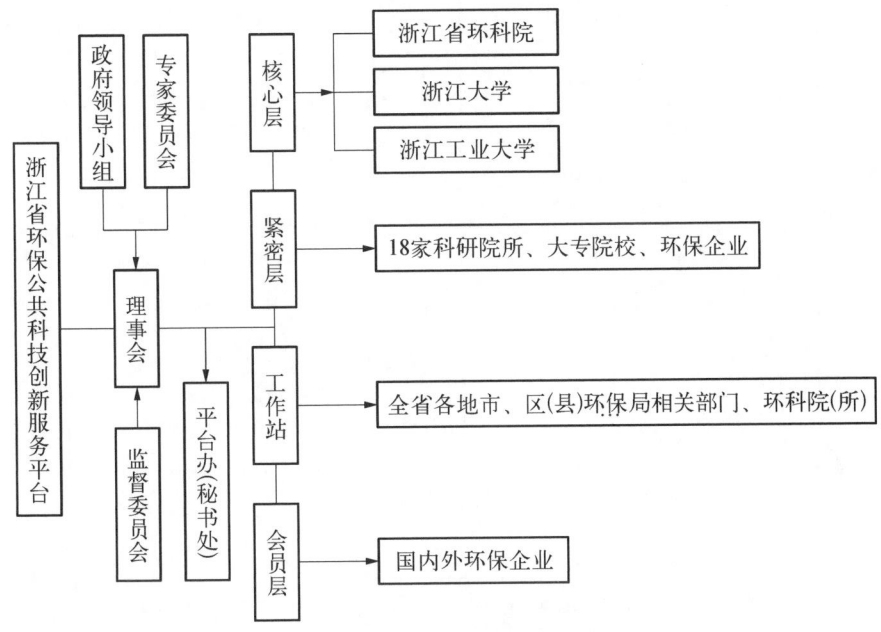

图 6‑2　浙江省环保公共科技创新服务平台组织框架

6.2.1.3　宇墨企业管理咨询(上海)有限公司(宇墨)运行模式

宇墨是中国首家从事国际清洁技术转移的专业机构,是融合集成技术转移和投融资渠道的全球清洁技术平台,以欧美先进技术及项目经验为源头联动全球环保企业,解析中国市场,为需求方提供技术标的挖掘、项目合作对接、投融资咨询和市场营销等全方位定制化服务,将科技服务包装成商品,制定服务使用标准,量化服务。其战略为完善企业国际化生态链的价值服务,通过品牌打造等战略推动技术推广(图 6‑3)。

宇墨主要针对国际技术转移,很难在短时间内挖掘和培育国际优秀技术在中国落地,存在知识产权转移、水土不服等问题,而其又缺少同时具备科学技术能力和商业或法律能力的人才。应该根据中国需求,专注某几个细分行业,建立健全的人才服务链。

6.2.1.4　北京恩维联合环境科技有限公司(恩维)"创新＋投资"平台运行模式

恩维是环境领域跨界"创新＋投资"平台,致力于融合互联网、金融等跨界力量,助力环境企业裂变增长,助推环境产业变革发展。恩维从产业金融、互联网大数据、品牌文化管理三个维度为环境企业提供技术服务,推动技术推广。恩维建立有云鲸网,集聚技术信息,开展精准对接;与我国宜兴环保科技工业园联合建立生态工厂——"国合环境高端装备制造基地",整合园区资源,实现"1＋N"的商业模式;设计有环境云,通过企业增值服务和品牌打造,为技术推广提供增值效益(图 6‑4)。

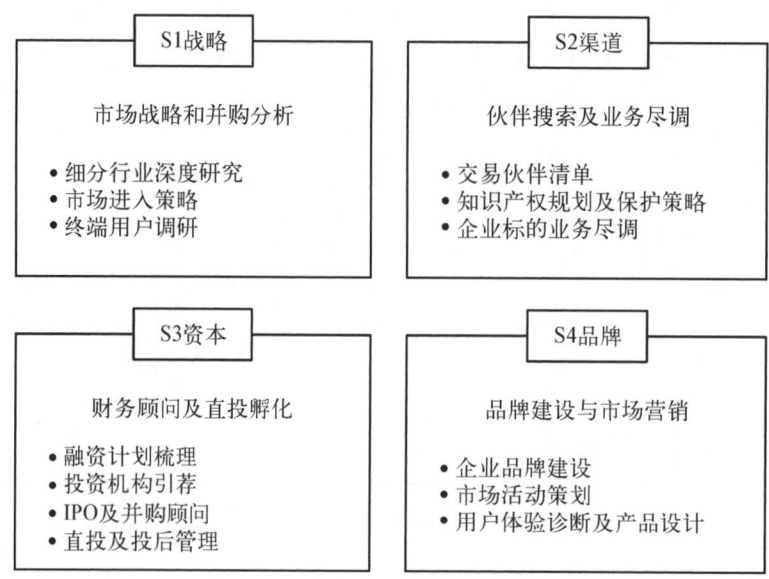

图6-3　宇墨技术推广战略

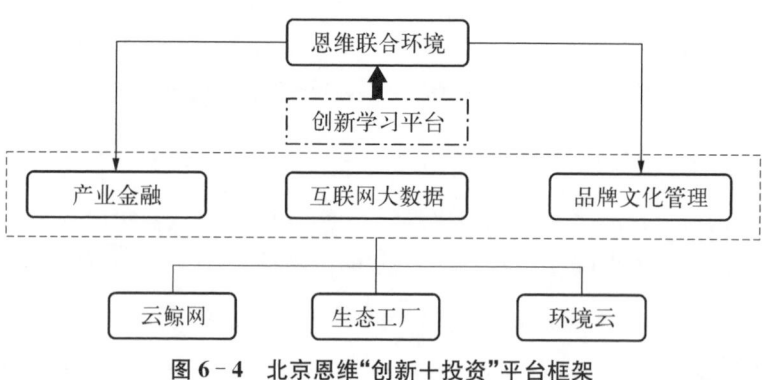

图6-4　北京恩维"创新＋投资"平台框架

恩维利用物联网技术打破信息孤岛,实现同各个项目的数据无缝对接,达到集中管控及数据处理的目的。同时平台涉及领域广泛,包括垃圾焚烧产业、水治理产业、生物废弃物产业及收运一体化产业等。

6.2.2　平台类、组织型技术推广模式

平台类、组织型技术推广模式是指平台组织类推广机构面向社会进行环保技术发布、技术评估以及市场中介等活动的总称。平台组织类推广机构指的是独立于技术拥有者和需求者的第三方机构,包括政府直属的组织机构和非政府组织机构。推广机构在环保技术推广服务中扮演"牵线搭桥"的角色,在供需之间建立起相互联系的桥梁,促进技术成果的产业化和转化。平台类、组织型技术推广模式是我国重要的环保技术推广模式,其中平台组织负责技术评估、筛选、评价等工作,主要推广方式有荣誉称号或奖项、技术评价会、

技术供需对接会、技术推广会、线上和线下推广等,主要模式为综合服务、技术集成展示推广、品牌战略规划、市场布局、资源链接等。平台组织应该充分发挥其桥梁作用,进行资源整合,助力技术供需对接。

6.3　企业型典型环保技术推广模式

6.3.1　案例分析

6.3.1.1　江西茂盛环境有限公司

1. 公司概况

江西茂盛环境有限公司隶属于晟源环境科技集团,集工业废气(粉尘/VOCs)治理、污水处理、固废回收、垃圾再生、土壤修复、环境监测等环保技术研发、环保设备生产销售,生态环保工程设计施工、运行维护,环保管家服务于一体。目前已形成集投资、研发、咨询、设计、制造于一体的环保产品链,可提供全面、有效、经济、可持续发展的"一站式"环保产品及全面生态环境治理解决方案。

公司具有 40 多项产品专利,粉尘控制系统技术水平达到当前国际先进水平并居我国领先地位。产品主要有:各种袋式和脉冲式除尘器、塑烧板除尘器、高性能 PRFE 覆膜滤材及除尘系统配件等;VOCs 治理系列产品主要有:分子筛吸附脱附,催化燃烧 CO,TO、T‑RTO、R‑RTO 蓄热式焚烧炉,RCO 等系统产品及关键零部件。

2. 技术概况及推广历程

我国环保产业经过 40 年发展,从最简单的消烟除尘、污水治理的简易设备制造和工程建设起步,发展到现在形成了比较完善的产业结构体系,能够较好地支撑和服务当前我国生态环境保护需要。我国环保产业走过了主要环保产业技术装备从引进消化吸收到基本实现国产化、主要领域与国际同步、部分领域领跑的华丽蜕变。

江西茂盛环境有限公司的环境治理技术实践和制造基地的扩容也是应时而为,它依靠多年治理技术的积累和机械加工技术的提高,将标准化、模组化等结合起来,加上工业互联的技术通信,实现环保装备产品的智能化集成服务,实现客户可以看菜单挑选的"环保超市"的新的经营模式。其主要的环境治理技术有脉冲式除尘技术、烧结板除尘技术、转轮+RTO 组合技术和防爆技术。

(1) 脉冲式除尘技术。对应产品有 MS‑脉冲袋式除尘器。脉冲袋式除尘器为非电除尘类行业主要处理设备,在目前政策提标改造的趋势下,需要技术厂商进一步在除尘滤袋和材质方面进行优化完善和改进,当然也需要结合实际治理的场景,使使用流程和保养策略更规范、有效,包括由此关联的管道及时清理,确保风机输出功率在额定功率范围,如此才能提高效率。此类技术在实施治理中属于成熟阶段,关键是在应用环节进行改善与提高操作规范,当然考虑到实际的使用成本,高性能的滤袋材质也是关键的影响因素。

(2)烧结板除尘技术。对应产品有 MS-烧结板除尘器。该技术目前处于推广期,改良的主要方向为根据各种废气粉尘的特性,通过小型机验证及物模试验,拓宽原技术的应用场景。该技术原主要应用于炼钢烧结机尾的废气粉尘治理,经过创新改良后,使其可广泛应用于原料回收、矿山封闭内循环空气净化、铸造/制芯机的吹扫飘尘等场景,极大地拓宽了原应用场景,是公司未来几年主要推广的除尘解决方案。

(3)转轮＋RTO 组合技术。对应产品有 MS-分子筛吸附脱附＋RTO 技术。该技术用于废气治理,是公司多项技术的研发整合,根据废气的成分、浓度及理化性质,合理设计选型分子筛完成废气中有机成分的吸附和脱附,脱附后的废气通过自动化控制送至 RTO 热力氧化炉进行热力氧化,保证最终的废气排放浓度满足环保指标的要求。目前该技术属于推广期,技术核心竞争优势在:根据废气状况的对分子筛的合理化选型及评估,并结合 RTO 热力氧化炉的标准化模块化的环保超市产品。

(4)防爆技术。对应产品有 MS-防爆片、MS-隔爆阀、MS-火花探测与熄灭装置。针对废气处理领域安全探索和保证,产品根据国家相关消防、防爆设计规范,并结合公司多年废气治理领域的工程经验研制,为自有品牌设备,已成序列化设计和生产。目前该技术属于推广期,核心竞争力及独特之处为产学研结合以及自主研发相结合,严格按照国家消防、防爆设计规范,产品成型后送交有资质的国家专业试验检验机构进行检验,并根据检验数据及实际应用场景经验进行设备重新调整,以自用带动产品序列化进展,最终向行业推广。

3. 技术推广路径

参与技术推广平台情况:

(1)技术推广采用企业自主推广。

(2)借助行业协会和专项论坛模式,以治理技术案例为模式进行区域化推广;目前已和中华环保联合会 VOCs 专委会战略合作,在江苏市场进行园区综合治理。

(3)借助中国环境产业联盟类企业进行互访交流,针对行业特定项目案例进行共同治理推广。

6.3.1.2 北京雪迪龙科技股份有限公司

1. 公司概况

北京雪迪龙科技股份有限公司创立于 2001 年,注册资金 6 亿元,净资产 20 亿元,是国家级高新技术企业,主要业务板块包括环境监测仪器设备(污染源监测、大气环境质量监测、水环境质量监测)、环保信息化和智慧环保管理平台,环境监测仪器设备的第三方运维、第三方检测、工业过程分析、工业节能和污染治理。截至 2018 年底,雪迪龙共拥有 20 家全资/控股/参股公司,设有 103 个技术服务中心(办事处)和 2 个海外研发中心(英国、比利时),员工总数近 2 000 人,其中研发工程师 300 余人,技术服务工程师 1 000 余人。

公司多次承担国家级和省级科研专项,拥有产品专利及软件著作权 300 余项,先后被认定为国家高新技术企业、中关村"十百千工程"企业、北京市工程实验室、北京市著名商标,获批设立博士后科研工作站、国家工程实验室(共建单位)等。

2. 技术概况

雪迪龙作为牵头单位承担了 2013 年科技部重大科学仪器设备开发专项——固定污染源废气 VOCs 在线/便携监测设备开发和应用,其中主要负责子任务——基于色谱/傅里叶变换红外光谱的固定污染源 VOCs 便携监测设备研制与产业化。在项目研发过程中,攻克了小型化高效低失真样气采集及预处理技术、高温红外多次反射技术、小型化高稳定性干涉系统、FID 检测器微型化技术、微型化程序升温分离技术等 6 项核心技术;完成了便携式傅里叶红外气体分析仪(MODEL 3080FT)、便携式非甲烷总烃分析仪(MODEL 3080GC-NMHC)、便携式 VOCs 色谱分析仪(MODEL 3080GC-VOCs)等设备的开发;形成了一系列知识产权,包括申请专利 20 项(其中发明专利 6 项),发表论文 3 篇,申请软件著作权 2 个,制定企业标准 3 项;推动了《环境空气和废气　挥发性有机物组分便携式傅里叶红外监测仪技术要求及检测方法》(HJ 1011—2018)、《环境空气和废气　总烃、甲烷和非甲烷总烃便携式监测仪技术要求及检测方法》(HJ 1012—2018)标准的发布。

3. 技术研发与推广

自专项启动以来,雪迪龙自筹经费近 2 000 万元,结合配套专项经费,组织了 20 余人的核心研发团队,就实现样气采集、预处理系统、红外气室和程序升温分离技术的小型、快速和低失真,光谱分辨率的自适应,样气中 VOCs 的快速富集和脱附,以及工程化开发的标准规范和质量控制,进行了为期五年的攻关,期间曾赴美国、法国、德国和比利时相关机构交流学习。目前几项核心技术已完全掌握,上述三款产品处于推广期,公司正通过电子商务平台环保产业网站广告以及参加各种展览会、交流会和研讨会等渠道推广技术和产品,未来主要应用场景包括环境空气监测、室内空气监测、汽车尾气监测、固定源废气排放监测、喷涂石化工业 VOCs 排放监测、过程监测(泄漏/逸散)、CEMS 系统比对检测、突发事故应急监测和复杂工况下特征污染物检测等,由于产品小型便携的特点,尤其适合地方政府环保主管部门和环保部垂直管理部门巡查、执法使用,随时监测即刻执法,非常灵活高效。

4. 政策支持

在技术攻关期间,得到了许多政府机关和事业单位的大力支持,例如专项分别针对设备质量完善、性能测试和实际应用等方面设立了子任务,分别由中国环境监测总站、上海市环境监测中心、解放军防化研究院等与雪迪龙合作实施,预计到 2020 年底,可完成产能超过 100 台套,产值超过 3 000 万元。

6.3.1.3　上海安居乐环保科技股份有限公司

1. 公司概况

安居乐公司专注于工业废气处理的工艺设计、设备制造、工程安装和民用空气净化产品的研发、设计、制造,生产废气处理设备、生物除臭设备,提供专业的 VOCs 废气处理解决方案和交钥匙工程服务。拥有环保行业安全生产许可证、国家 ISO 质量 9001 质量管理体系认证、ISO14000 环境体系认证、废气处理环保总承包资质。具备工程化经验、规范化的项目管理经验和较强的生产能力。

上海安居乐环保科技股份有限公司有完善的废气处理设备生产能力,有规范化的装配工艺方案,公司在上海市奉贤区有现代化的生产基地,内设恒温实验室,各种冲床、剪板机等加工设备及仪器设备,并有 VOCs 检测仪、气相色谱仪等高精度的检测仪器,可确保产品质量。

2. 技术简介

蓄热式氧化处理技术 RTO,属于废气治理的摧毁式工艺技术类别,其研发过程是通过不断加强设备在工艺设计、硬件、控制系统及运行过程方面的安全设计,使整体设备更加安全。

与上下游企业的关系:

(1) 上游行业及其对本行业的影响:RTO 配套设备的原材料主要为钢材、聚丙烯等,上游原材料产能、产量及价格波动,会对行业的利润水平产生一定影响;

(2) 下游行业及其对本行业的影响:下游主要为喷漆印刷、化工、食品和医药等类型企业,上述领域的市场容量和需求规模将直接影响该技术的发展前景。

在安全问题日益凸显的今天,设备安全是该技术的核心竞争力;与行业内同类技术对比,该技术的独特之处在于采取了一系列有效措施保证设备安全可靠;该技术市场占有率约 5%;通过技术创新和优化,可降低前期设备投入成本。

3. 技术推广

(1) 技术推广历程

从技术孵化到目前阶段,蓄热式氧化处理技术经历了研发期、推广期,目前已趋于成熟,在很多项目中均得到成功应用,净化效率国际领先,近零排放的案例得到用户的一致好评。

技术发展未来市场布局是可适用于石油化工、煤化工、精细化工、涂装喷漆、电子、半导体、印刷包装、食品、冶金、金属加工、陶瓷、汽车和纺织行业以及能源环保工程等多种行业,市场前景广泛,适于大范围推广。

(2) 技术推广模式

形成以公司为龙头,上连研发、下连业主的产业链,开展新成果、新技术的引进、试验、示范和产业化开发,力争为用户提供优质的推广服务,实现经济产值效益最大化。

目前技术推广方法有:需求方信息获取渠道、销售方法、技术推广的主要做法。需求方信息获取渠道有:网络平台广告、微信公众号、行业会议、地方会议。销售方法:电话销售、现场考察、业主主动电话需求。技术推广的主要做法:通过主要典型范例的成功促使相关相同行业的需求。

（3）参与技术推广平台情况

参与技术推广的主要平台有"北极星"环保网和中国环境保护产业协会网站。

4. 政策支持

该技术获得了政府支持和政策扶持。政府支持包括政府渠道、政府活动、与政府组织和政府机构的合作等；政策扶持与运用包括参加了技术目录、技术奖励、荣誉称号、入选环保部第四届"百强技术"以及政策、资金支持等。

6.3.1.4　江苏中创清源科技有限公司

1. 公司概况

江苏中创清源科技有限公司（中创清源）是清华大学践行国家"双创战略"而投资建设的集研发、设计、制造、技术服务为一体的综合性环保治理高新技术企业。依托清华大学强大的科研实力与研发能力，为用户提供高质量、高性能的产品与综合技术服务。

清华大学大气复合污染治理创新团队以国家重大需求为导向，致力于大气复合污染治理理论、方法和技术研究及应用，构建了"基础理论-技术方法-决策支撑"的科学研究体系和"关键技术-工艺装备-产业引领"的技术研发体系，主要成果成为国家大气污染治理重大决策制定与实施和环保产业发展的核心技术支撑，先后获得 5 项国家科技奖励，包括国家自然科学奖、国家技术发明奖和国家科学技术进步奖。

中创清源基于团队科研成果，致力于推动中国大气多污染物控制领域的技术进步和产业发展，参建了大气污染控制技术成果转化的创新平台，实现了大气污染排放特征分析、烟气脱硫脱硝除汞和挥发性有机物综合治理技术与产品装备的工业化应用，为中国"打赢蓝天保卫战"提供了城市大气污染物减排技术方案、工业烟气脱硫脱硝核心技术与装备及工艺优化技术服务等业务。

2. 技术介绍

主要从事各类低温脱硝催化剂、VOCs 催化剂产品的设计、生产和销售。公司依托清华大学李俊华教授团队，从 2012 年起，针对非电行业烟气特点，开发了焦化、钢铁烧结、水泥、玻璃等行业专用脱硝催化剂。该系列催化剂不同于传统燃煤电厂用脱硝催化剂，它可以满足低温条件下的脱硝。该产品具有较强的耐磨损性能和较高的机械性能，并获得了第 47 届日内瓦发明奖金奖。

3. 技术推广

公司技术源于清华大学环境学院李俊华教授团队，团队自 2013 年起即开始产品的研究开发工作，研发过程中，针对钢铁烧结、焦化、水泥生产工艺及烟气排放特点，开发了系列非电脱硝催化剂产品。

公司将该技术成功实施转化，于 2017 年底投入生产，产品先后被应用于焦化、钢铁烧结、玻璃、水泥等行业，特别是在水泥行业，公司产品完成了中国水泥行业首台套 SCR 脱硝应用,使用效果良好。

由于公司在行业内起步较晚,目前市场占有率并不高。今后,公司将加大产品市场开拓力度,提升产品的市场占有率。公司未来将持续优化脱硝催化剂产品在低温条件下的脱硝活性,提高产品的耐硫性以及使用寿命。此外,公司 VOCs 催化剂产品目前已经完成了生产线的建设,近期将会开展调试。

公司产品推广主要有以下途径:

(1) 同我国大型环保工程总包单位合作,进行产品的推广,例如公司与西安西矿环保科技有限公司完成了中国水泥行业首台 SCR 脱硝环保项目。

(2) 积极与业主单位进行推介。公司进入焦化、钢铁行业以来,重视同直接使用单位的沟通交流,通过到厂进行宣传介绍,赢得了一定的客户认可度,获得了一定的市场占有率。

6.3.1.5　淄博宝泉环保工程有限公司

1. 公司概况

淄博宝泉环保工程有限公司(宝泉环保)是一家致力于环保技术的研发应用和环保治理工程一体化服务的高新技术企业。

公司服务范围涵盖了技术研发、工程设计、设备制造、工程建设、项目运营的项目全周期服务。公司下设废气处理事业部、设备配套事业部、技术部、商务部、质检部、售后服务部、工程设计研究中心及专家顾问委员会八个专业部门。

宝泉环保已经成功研发应用以"常温催化氧化"为特色的"臭氧协同常温催化恶臭净化"工业废气(VOCs 及恶臭)治理成套技术。

2. 技术介绍

常温高效催化氧化(臭氧协同常温催化恶臭净化)技术是一种新型 VOCs 末端治理技术,通过自主研发的复合高效催化剂在常温下催化活化臭氧分子,产生大量的气态羟基自由基,羟基自由基可快速高效地将气态 VOCs 分子实现完全矿化,最终生成二氧化碳、水及微量的无机盐。该技术的核心为宝泉环保自主研发的复合高效催化剂,及在常温下将 VOCs 分子氧化。常温高效催化氧化(臭氧协同常温催化恶臭净化)技术目前在农药及中间体行业、医药及中间体行业、印染化工、碳纤维新材料、增塑剂等多个行业均得到实际应用。

常温高效催化氧化(臭氧协同常温催化恶臭净化)技术先后入选了中国环保产业协会发布的《2016 年国家重点环境保护实用技术示范工程》;工业和信息化部、科学技术部两部委发布的《国家鼓励发展的重大环保技术装备目录》(2017 年版)挥发性有机废气处理推广类技术;中国环保机械行业协会发布的《国家鼓励发展的重大环保技术装备(2017)依托单位》;生态环境部环境保护对外合作中心发布的《第三届"环保技术国际智汇平台百强技术"》入选技术名录;中国石油和化工联合会、中国化工环保协会发布的《2018 年石油和化工行业清洁生产、环境保护支撑技术(装备)公示名单》;生态环境部发布的 2018 年《国家先进污染防治技术目录(大气污染防治领域)》推广技术;中国环保产业协会发布的《2018 年重点环境保护实用技术名录》。

目前常温高效催化氧化(臭氧协同常温催化恶臭净化)技术已在我国 VOCs 末端治理领域多个行业取得实际工程应用,在实现挥发性有机废气(VOCs)末端处理后满足现行国标、地方排放标准的要求外,同时有效去除原始恶臭异味,解决了困扰企业的达标扰民问题。目前该技术主要应用于我国 VOCs 末端治理市场,暂未考虑开发国际市场。

公司在江苏连云港化工产业园、山东潍坊下营化工园区、湖北宜都化工园区、浙江丽水开发区皮革产业园区等园区开展了相关工作,针对企业现有的处理装置及存在的问题进行了一企一策报告编制工作,并且在丽水开发区皮革产业园区开展了从前端收集到末端治理的相关工作;同时,公司积极与浙江嘉兴环保产业园开展前期技术对接与企业交流,推动首台套项目落地,借此契机,辐射江浙 VOCs 末端治理市场。

3. 技术推广

(1) 技术推广历程

淄博宝泉环保工程有限公司成立于 2006 年,初期业务为污水治理,治理过程中发现很多通过转换偷排方式,采用烘干的方式将废水转换为废气直排,从而实现所谓的污水"零排放"。于是工作重心转移到挥发性有机废气(VOCs)常温催化氧化剂的研发,历时 5年研发,终于取得常温催化氧化剂的革命性突破,并投入实际工程应用。竣工项目荣获中国环保产业协会《2016 年国家重点环境保护实用技术示范工程》荣誉称号。

常温高效催化氧化(臭氧协同常温催化恶臭净化)技术目前已经升级至第三代产品,实现多个行业实际工程应用,安全性高、运行稳定,处理效果明显,目前处于市场推广期。由于现在挥发性有机废气(VOCs)末端治理市场鱼龙混杂、劣币驱逐良币,充斥着各种低效率处理工艺,并且企业在选择的时候,往往一味地追求低投入、低价中标,而忽略了装置运行的安全性、稳定性等问题,从而导致 VOCs 环保装置火灾、爆炸事故也是屡见不鲜。以同样 5 000 m³/h 风量的蓄热式焚烧技术为例,一线合资品牌报价在 500 多万元,我国企业甚至有 30 万元的投资方案,更甚者贴牌生产,长此以往,如何能够提供优质服务、如何确保安全稳定运行达标。

(2) 技术推广模式

公司主要与我国各大 VOCs 治理专业平台,如:环保国际智汇平台、中国环境保护产业协会及地方产业协会、中国环保机械行业协会、中国化工环保协会等开展战略合作及技术交流和推广活动;与地方环保产业园开展强强联合,助推项目落地;同时与各行业龙头企业进行紧密合作,树立标杆工程,便于在同行业中进行推广应用。

目前公司依托常温高效催化氧化(臭氧协同常温催化恶臭净化)技术多项国家级技术荣誉,结合各行业实际工程案例,瞄准行业龙头企业,开展有序精准对接。

4. 政策支持

公司通过国家、政府及相关政府机构组织的相关技术荣誉的申请,增加技术的知名度,并且通过申报相关技术荣誉,听取各方面专家的意见及建议,查找技术的不足,不断的改进升级,以适应市场的需求。

6.3.2 企业型典型环保技术推广模式

企业技术推广主要是根据政策导向,发挥自身优势,积极参加各种对接会、技术展览会等。2015 年永清环保股份有限公司的主要技术业务集中于钢铁行业和火电行业大气污染治理领域,公司主要采取成熟的 EPC(Engineering Procurement Construction)总包工程的模式,部分通过托管运营方式取得服务收益。福建龙净环保股份有限公司是中国环境保护除尘行业的首家上市公司,也是中国机电一体化专业设计制造除尘装置和烟气脱硫装置等大气污染治理设备及其他环保产品的大型研发生产基地,主要产品采取"以销定产"的订单式生产,根据实际需求有利对接。基于以上企业案例,可以发现,企业型技术推广主要依赖三点:一是技术创新,二是人才团队,三是合作和推广模式。技术创新为技术推广提供基础,只有不断地技术创新才能满足不同和不断变化的需求,过去我国环保企业主要是引进国外技术,但是国外技术存在发展阶段不同、国情不同等问题,使得技术不能很好地符合中国污染治理需求,因此技术引进再创新十分重要。另外,自主研发是技术创新的另一关键来源,而且企业自主研发才能让企业更具有竞争性,更能满足市场实际需求。企业技术推广也依赖于人才团队,人才团队的管理在于企业内部机制设定。以龙净环保股份有限公司(简称"龙净")为例,龙净设置有自己的研究机构,专门针对问题,进行诊断,提出方案,精准服务污染企业技术需求。针对人员管理方面,龙净内部设置有奖励机制,员工提出创新想法将给以创新奖,将创新想法应用于研究项目,将给以研究资金,鼓励创新想法落地、开发、创造。如果该创造成功投产,将给以更高技术奖励,甚至给以一定的技术收益额,技术推广成功也会给以奖励。因此,这种"真金白银"的奖励机制可以充分调动员工的积极性。

综上,企业型技术推广模式是企业以政府发布的政策、标准为根基来判断市场需求。企业应充分发挥市场机制作用,尊重市场规律,提前进行技术储备、资金筹备,采用自主推广模式开展技术推广,主要推广方式为技术代理、产品推荐会或发布会、参加其他机构组织的技术推广会等,推广模式主要为"以销定产"订单式模式、工程总包等。这种模式充分利用"公司化"在市场中的灵活性、自主性,发挥各自优势和资源,也化解了很多掣肘,调动了各方参与的积极性。但是这种推广离不开政府的支持和引导,离不开第三方机构的辅助,单纯的企业推广面临的困难很大,尤其中小型企业,而我国环保企业多为中小型企业。

6.4　小结

大气污染防治技术推广模式按推广主体可以分为政府主导型技术推广模式、平台类/组织型技术推广运行模式和企业型技术推广模式。

单一主体的技术推广比较困难且各有利弊。应该以上面三种类型为基础,全面开放、各自发挥优势,形成优势互补、资源共享的技术推广体系,即"政府主导、平台组织搭桥、企业实施"的体系,形成"政产学研用融"技术推广合作模式。"政产学研用融"模式是作为产学研的扩展和补充,指在政府政策和社会资金强有力的保障下,推进大气污染防治技术的科技成果转化和推广应用,是以企业为主体、以用户为中心、以市场为导向,凸显知识社会环境下,用户创新、合作创新、开放创新的科学研究模式。换言之,"产学研"离不开"政"即政策、管理与规划,"用"即推广与应用,"融"即融资与投入。

第7章

大气污染防治技术推广在产业园的应用

环保产业园是科技与工业的综合体,是以环保产业为主的产业园区,其任务是研究、生产和推广环保产品,促进科研成果产业化、商业化。因此,如何发挥环保产业园的作用,促进科技成果转化,更好地服务长江经济带生态环境保护和蓝天保卫行动,值得深入研究。盐城环保科技城是我国以大气为主的环保园区,拥有较多大气环保技术企业。上海是国际经济、金融、贸易、航运、科技创新中心,上海工业园区采用多种国内外先进的大气污染防治技术。将大气污染防治技术推广机制和模式应用于盐城环保科技城和上海工业园区具有重要意义。

7.1 大气污染防治技术企业与环保产业园共生发展

环保产业园的建设与发展对地方经济发挥了巨大的推动作用,也带动了相关产业的集聚化发展及资源的有效配置。园区内部企业、大学和研究机构相对集中。因此环保技术企业与环保产业园合作或入园发展是推动企业技术推广的一条重要途径。

自 1992 年首次成立中国宜兴国家环保科技工业园以来,根据本课题组调查,目前中国环保产业基地/产业园区约有 12 家,其中,国家环保产业基地 3 家,国家环保科技产业园 9 家。

现将全国主要环保产业基地/园区发展概括如表 7-1 所示。

表 7-1 全国环保产业基地/产业园区概况列表

名　　称	成立时间	产　业　重　点	面积/km²
沈阳市环保产业基地	1997 年 5 月	水处理成套设备开发生产	
国家环保产业发展重庆基地	2000 年 8 月	烟气脱硫技术开发和成套设备生产、适合西部发展需求的生活垃圾处理、城市污水处理以及天然气汽车的相关技术和设备、环保技术服务体系	

续表

名　　称	成立时间	产　业　重　点	面积/km²
武汉青山国家环保产业基地	2002 年 7 月	固体废弃物资源综合利用和脱硫成套设备与技术、污水综合治理、消除白色污染、环保系列农药生产	
中国宜兴国家环保科技工业园	1992 年 11 月	环保科技、精密机械、电子信息、生物医药、节能技术、新能源、新材料	102
苏州国家环保高新技术产业园	2001 年 2 月	培育孵化环保高新技术为重点、完善环保产业服务体系、建成中国环保技术创新和高新技术的培育转化基地、环保高新技术产品的展示和交易中心、国外环保高新技术转化和产业投资的窗口	0.27
常州国家环保产业园	2001 年 2 月	节水和水处理技术、大气污染治理技术、环境监测技术、废弃物处理技术、节能和绿色能源技术、资源综合利用技术、清洁生产技术	10
华南环保科技产业园	2001 年 11 月	集环保科技产业研发、孵化、生产、教育等诸多功能于一体、环境科技咨询服务、环保设备与材料制作、绿色产品生产、资源再生	6.67
西安国家环保科技产业园	2001 年 11 月	环保科技咨询服务、环境友好型产品生产、环保设备材料生产	4
大连国家环保产业园	2002 年 3 月	环境科研与教育、环保产业设备、环境咨询服务、污染治理设施运行、资源再生及综合利用、环保高新技术产品	5.06
济南国家环保科技产业园	2003 年 3 月	新型能源和环保新材料	8
哈尔滨国家环保科技产业园	2005 年 2 月	环保清洁能源产品、环保新材料、洁净类产品、国际履约项目、废旧物资综合利用、绿色有机食品加工	10
青岛国际环保产业园	2005 年 5 月	国际环保技术孵化中心、环保产品市场交易中心、环保品牌制造基地、中国环保精品生产基地和国家环保产业培训教育基地	3.34

从表中可以看出,我国环保产业园区主要沿海发展和沿江发展,大部分环保产业园区位于东部经济发达地区,其产值占到全国环保产值 60% 以上,其中长三角地区集群效应尤为显著,目前江苏省环保产业规模全国领先。而江苏省环保产业园中盐城环保科技城是我国以大气为主的环保园区,拥有较多大气环保技术企业。因此本章以盐城环保科技城为例分析大气环保技术企业与环保产业园共生发展的必要性。

　　盐城环保科技城（简称环科城）成立于 2009 年 4 月，地处江苏沿海开发、长三角一体化、国家可持续发展实验区三大国家战略交汇区和长江经济带沿线城市，是江苏省唯一以环保产业命名的省级高新技术产业开发区。环科城以大气污染治理为特色产业，先后获得"国家环保产业集聚区""国家雾霾治理研发与产业化基地""国家新型工业化产业示范基地"等 32 项省级以上荣誉，已成为全国环保产业发展的先行区，在业内享有"中国烟气治理之都"的美誉。环科城主要有以下几方面特点：

　　（1）领军企业高度集聚。在环科城，国电投远达、中建材、中车、广东科洁、浙江菲达、福建龙净、北京万邦达、北京清新环境等一批行业领军企业全面入驻；现集聚了主板和创业板上市公司 24 家，规模以上企业 118 家，拥有 BOT（Build Operate Transfer）、EPC 工程总承包能力的企业达 37 家，承建了中国水泥、玻璃、电力、盐化工、烟草等行业第一个脱硝工程，在全国电力、水泥和玻璃行业脱硫脱硝工程市场占有率分别达 19.2%、41% 和 90%。

　　（2）创新能力持续攀升。在环科城，中科院过程工程研究所、中科院生态环境研究中心、中科院城市环境研究所、中科院地球环境研究所、中科院北京综合研中心以及清华、复旦、南大、同济、美国明尼苏达大学、澳大利亚墨尔本大学等大院大所大学建有 20 家实体研究院，建成烟气多污染物控制技术与装备国家工程实验室、高浓度难降解有机废水处理国家工程实验室、国家环境保护工业炉窑烟气脱硝工程技术中心等 10 个国家级研发公共服务平台，已形成"两室、两所、一中心"的创新研发格局，创成科行等国家级企业技术中心 11 家，拥有高新技术企业 59 家，2018 年环科城高新技术产值占生产总值的 58%。近几年，环科城共承担了国家 863 计划项目 26 个，国家重大攻关项目 32 个，国家重点新产品项目 11 个，火炬计划项目 17 个。

　　（3）平台建设特色彰显。在环科城，建有众创中心、国家级孵化基地、环保金融中心、网上交易中心等双创载体平台；北京枫杨、上海锦狮投资基金管理有限公司 2 支共 13 亿元的环保产业基金；江苏省环保设备质量监督检验中心、江苏省饮用水检测中心等检测认证机构；江苏省环保科技展览馆和低碳示范体验社区 2 个国家级环保科普教育基地；环保实验学校和环保职业技术学院等职业教育机构；连续举办了 7 届中国盐城国际环保产业博览会。

　　（4）发展定位。环科城将整合产业上下游以及中国国际资源，建设"盐城国际环境综合治理诊疗中心"，形成环境现状评估、研发设计、名师研判、运营总包、金融支撑、第三方治理质保 6 大服务体系，为区域环境治理提供全方位、全流程、一站式的模块化整体解决方案。同时，全面提高自主创新能力，不断深化体制机制改革，加快推进转型升级步伐，力争到"十三五"末发展成为环保装备制造业发达、环境服务业繁荣的千亿级环保特色产业基地，形成国家级的"环保技术创新基地、环保标准制定基地、环保品牌集聚基地、环保服务输出基地"。

从盐城环保科技城现状和发展定位可以看出,目前环保产业园拥有政府、科研、领军企业、平台、国际合作和基础设施等各方面资源,汇聚了环保产业发展的上中下游全产业链发展的资源和基础,因此环保技术企业入园发展是技术快速推广、应用的必要选择。

(1) 充分利用产业园内公共资源。园区内拥有政府机构和科研机构提供的大量的公共设施和服务,园区内的企业通过共同使用这些公共设施而大大减少了企业支付的额外成本。融资税收支持,为创业企业提供创业场所,建设产业孵化器和众创空间。

(2) 享受园区内的优惠政策。园区有其特有的优惠政策,如盐城环保科技城发布有《江苏盐城环保科技城创新引领产业转型发展的实施意见》(2017 年),实行了政策方面的鼓励。对入驻园区的企业进行税收减免,并提供办公、住宿场所。园区额外补助国家级研发平台。设立人才发展专项资金,对项目及团队进行资金资助。对高层次人才提供各类补贴。

(3) 与园区内企业合作共赢,参与全产业链。园区一般拥有众多环保技术企业以及环保服务企业,因此入园发展有利于企业与园区内其他企业形成互利共赢、优势互补的模式,参与和补充园区内全产业链发展。享受全产业链中各环资源,包括上游的技术互补支持和下游的融资、平台等服务。

7.2　盐城环保科技城现状分析与技术推广模式

7.2.1　盐城环保科技城大气产业发展情况

盐城环保科技城是我国以烟气治理为主的产业园区,在大气污染防治行业中处于领先地位。园区内现有环保企业 118 家,其中环境上市公司 24 家,与美国科杰、丹麦弗洛微升、德国莱斯、日本东丽等国际知名企业形成深度战略合作关系。2010~2018 年盐城环保科技城的经济规模和企业数量的变化情况如图 7-1 所示,从图中可以看出入园企业数量和规模以上工业企业数量均逐年上涨,除此之外还吸引了大量科研院所入驻。

盐城环保科技城经济增长趋势如图 7-2 所示,园区主要经济指标稳步上涨。中国环保产业协会公布的资料显示,2018 年,盐城环保科技城在全国烟气治理产业市场占有率为 12.8%;在全国水泥、玻璃行业脱硫脱硝工程市场占有率为 52%。2018 年,高新技术产业产值占规模以上工业总产值的比重达 58%,在清洁生产、节能环保新材料、绿色能源、区域治理等方面形成了八大技术体系,拥有 30 多项国际领先技术,在煤炭清洁燃料、土壤修复、膜技术等领域拥有核心自主知识产权,销售市场远至德国、美国等 50 多个国家和地区。

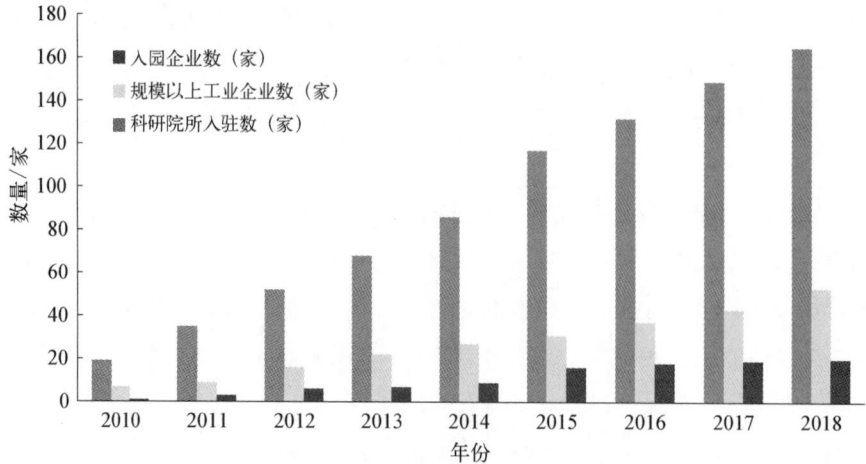

图 7-1　2010～2018 年盐城环保科技城企业及科研院所入驻数量

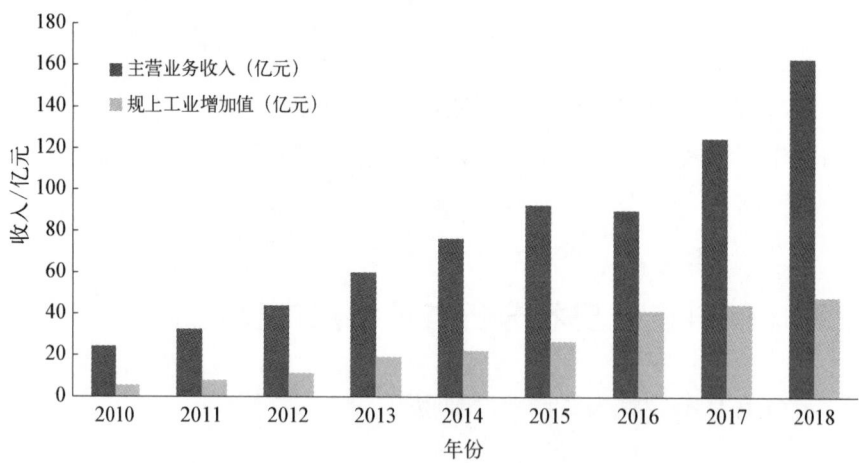

图 7-2　2010～2018 年盐城环保科技城经济增长趋势

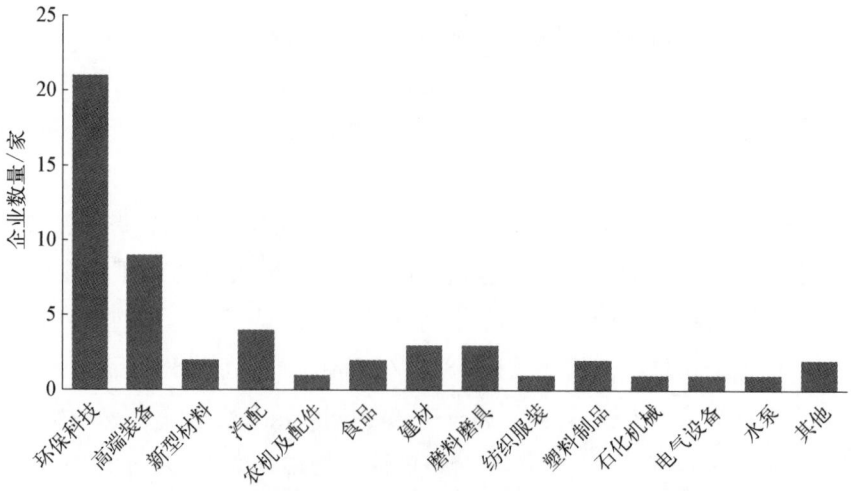

图 7-3　盐城环保科技城规模以上企业的产业类别分布

图 7-3 统计了盐城环保科技城内的企业产业类别分布,现共有规模以上企业 53 家,其中环保科技与高端设备的规模以上企业数量占总规模以上企业数量的一半以上,其中环保设备制造绝大部分是末端设备的生产。从大气环保产业链发展角度来看,中游的设备生产链发展充足,环保装备产品和节能装备产品生产制造居多;而上游科技研发和下游环保服务业所占比重较小,出现产业链发展不健全、缺链和断链的现象。

表 7-2 统计了环保科技城内与大气治理相关的 15 家主流企业及其主营业务。由表可知,对企业的生产业务内容进行对比分析,科技城内生产设备制造所占比例较大,表明技术产品的同质化现象比较严重。除了国外企业和中国中电投、菲达集团、科行集团几家龙头企业具有自主设计研发能力之外,其余环保企业均为传统设备制造业,且只有江苏安纳泰环保科技有限公司和江苏中科睿赛污染有限公司 2 家企业还在空气污染治理材料、室内空气净化技术上有所涉足。由此可见,盐城环保科技城大气污染治理相关企业的传统产品比重大、同构化现象显著。

表 7-2　盐城环保科技城内国内外大气治理相关企业及其主营业务

企　业　名　称	主　营　业　务
德国 GEA 集团	烟气脱硝、脱硫、除尘等环保工程领域的技术与装备
美国燃料集团	烟气除尘、脱硝、低氮燃烧技术
丹麦弗洛微升有限公司	为火电厂、垃圾焚烧厂、工业锅炉等行业提供成套的 SCR 和 SNCR 脱硝方案
中国电力投资集团	除尘脱硫脱硝一体化设备
中国菲达集团	烟气环保装备制造生产
江苏科行环境工程技术有限公司	除尘设备、工业窑炉脱硝、雾霾追因治理
江苏中科睿赛污染工程控制有限公司	工业废气治理、空气净化技术研发与设备制造
江苏紫光吉地达环境科技股份有限公司	烟气除尘设备制造
龙净环保盐城建造基地	烟气脱硫治理设备、物料输送设备
江苏宇达环保科技股份有限公司	除尘、脱硫脱硝设备制造
盐城市高和机电制造有限公司	环保设备制造
江苏兰丰环保设备科技有限公司	除尘、脱硫脱硝、VOCs 等设备制造及工程总承包业务
盐城越研环境工程有限公司	废气处理装备
盐城清新环境技术有限公司	烟气脱硫脱硝除尘
江苏安纳泰环保科技有限公司	空气污染治理材料、空气污染处理设备

7.2.2 盐城环保科技城 SWOT 分析

7.2.2.1 内部优势(S)

1. 科教资源丰富

盐城市有多所高校和技术院校开展"订单式人才培训",同时与复旦、清华、南大等高校,中科院生态环境研究所、中科院过程工程研究所等科研院所建立研究院或实验室,联合办学,培养实用型、应用型、高级技师等环保专业技能型人才。

2. 科技创新投入

发挥盐城环保科技城国家级孵化器、省级孵化器、众创空间等科技创新资源集聚优势,通过搭建产业创新联盟、公共技术服务平台、开放科技服务设施等方式,为盐城传统产业绿色发展提供创新、研发支撑。

3. 开展国际合作

建立环保产业国际化合作区域,园区内企业与德国 GEA、美国麻省理工学院澳大利亚墨尔本大学等展开合作,合作项目范围包括技术引进、联合技术研发、成果转化等多个方面。建立全球化开放合作机制,2012 年至今,园区内每年举行一次环保产业博览会,邀请国际著名环保企业和相关专家来交流分享成果经验,从而提高环科城的国际知名度。

7.2.2.2 内部劣势(W)

1. 产业链亟须完善

在园区大气污染防治企业中,中游环保设备生产制造发展充分,在产业链中占据了较大比重,而上游科技创新研发没有发展到一定高度,下游环境服务能力较弱,服务业不能充分发挥作用,导致产业链出现了发展不平衡、断链和缺链的问题。

2. 创新能力欠缺

虽然园区内企业在除尘设备制造中达到国际化水平、脱硫设备基本可以实现国产化,脱硝设备及催化剂生成取得一定成果,但与国外技术相比仍有较大差距,在一些关键领域发展比较缓慢,如有机废气的治理和脱硝技术开发应用等均存在一些困难。企业技术创新能力不足,技术创新成果生产技术转化率较低,对新型环境问题探究不深,难以转化成现实生产力,产学研难以真正地实现一体化,是今后产业园高速发展的最大阻碍。

3. 技术推广服务机构需健全

目前技术推广服务多集中在技术研发、展示宣传方面,无法做到科技与产业紧密相连,导致科研成果转化率低。借鉴发达国家技术推广模式发现,技术推广中服务机构和技术转移基金会是技术推广中不可或缺的部分。因此,建立专业的技术推广服务机构十分必要。

7.2.2.3 外部机遇(O)

1. 产业延伸机遇

园区的发展定位为环保装备制造基地,所发展的产业方向顺应国家环保产业发展战略,也符合省市各级政府的发展定位。近几年,工程设计施工业、设施运营服务业、节能服务业等新兴产业不断涌现,环境监测业、环境咨询业、环境信息业成长迅速,有利于促进产业园协同发展。

2. 市场拓展机遇

伴随着中国大气污染管理体系的逐渐完善,VOCs 的减排与控制行业的发展方兴未艾。VOCs 治理成为环保产业更加广阔、更具潜力的现实市场,作为我国为数不多的大气环保产业园来说,VOCs 治理技术的发展可作为盐城环保科技城的重要增长点,并可以弥补污染治理行业产业链短、市场规模小的不足。

3. 政策与示范机遇

环保市场监督管理体制、激励政策和约束机制需要进一步完善,政策、法规、标准急需完备,节能与新能源汽车等方面急需示范。

7.2.2.4　威胁分析(T)

1. 竞争激烈

目前江苏省内有众多环保产业园区,如苏州国家环保高新技术产业园、常州国家环保产业园和宜兴国家环保科技工业园等,盐城环保科技城面临着各区域招商引资和市场竞争等问题。

2. 融资难

科学技术从推广到成为能够被消费者认可的技术产品,需要大量的技术工作来完善和繁长的商业化过程,这一过程耗资大,根据当前经济发展形势,存在一定的投资少和融资难等问题。

根据环保产业园发展各阶段的 SWOT 分析(表 7-3),可以看出盐城环保科技城处于转型战略(WO 战略)阶段,继续保持环保优势领域的重要地位,大力开展产学研合作,提升园区的自主创新能力和科研转化效率。

表 7-3　盐城环保科技城产业发展 SWOT 分析

内　部　环　境		外　部　环　境	
优势(S)	劣势(W)	机遇(O)	威胁(T)
科教资源丰富 科技创新投入 开展国际合作	产业结构亟须升级 自主创新能力不足 技术推广服务机构不健全 人才队伍建设不健全	产业发展机遇 市场拓展机遇 国际合作机遇 政策与推广机遇	竞争激烈 需求总量有限 融资难

7.3　小结

如何保证环保产业园中技术有效扩散,提高区域经济,优化产业园内资源配置,将现有的技术快速流通,是实现环保技术推广、应用的关键问题。本章基于对盐城环保科技城的 SWOT 分析,发现园区内虽然集聚了多所科研机构和多家环保技术企业,为技术集成创新提供了基础配套,但仍存在着产业链发展不平衡,上游和下游断链、缺链的问题,同时也有政策扶持力度不够等问题。当下,中国环保产业发展掀起热潮,环保政策不断推出更新,环保督查等保障活动层层推进,环保产业局面达到一个新的高度,机遇重大,因此环保产业园的发展需要得到进一步指导与进行相应调整。结合盐城环保科技城现状,考虑当下我国环保产业园区普遍存在的产业链不全、技术推广转化率低、融资难、人才欠缺等问题,建议我国环保产业园从以下几点加强:构建完整产业链;以科技创新为重点,增强国际环保合作;推行"政产学研用融"一体化技术推广模式;从资金激励、知识产权保护、人才激励等方面完善政策、机制,以推动大气污染防治先进实用技术推广、应用,促进环保产业的蓬勃发展。可以看出,"政产学研用融"技术推广模式以环保产业园为依托更有效果。

第8章

结 论 与 建 议

8.1 结论

8.1.1 环保产业进入新时代需各方通力合作

新《环境保护法》实施以前,中国的环保产业尚处于混沌状态,存在治理水平低、应付性工程多、低价竞标、大企业带小环保等乱象。现在我国的环保产业步入了新时代,有以下五个方面的新变化:一是综合治理理念的提出,生态文明成为主导发展的战略核心;二是效果至上,一切服从于治理效果;三是进入技术时代,注重创新;四是第三方治理行业崛起,环保服务紧跟;五是环保产业增产,大量资本进入环保产业。

环保产业的五大新变化进一步推动了技术推广和环保产业的发展。技术的创新集成、自主产权战略是技术推广的前提,政府、科研机构、平台组织、企业四方合力是技术推广的主动力,模式和机制是技术推广保护伞,资金支持是技术推广的催化剂和推动力。只有充分做好各利益相关方的统一协调、搭配、协作关系才能真正助力技术推广和应用。

8.1.2 构建环保技术推广体系架构

在考虑充分融合技术推广各相关方、界定各自功能定位和主要职责的基础上,本研究构建了技术推广体系架构(图8-1)。该架构包括:推广主体,即政府、平台/组织、企业,及体系功能定位、技术推广体系主要推广的渠道方式和模式。以政府主导型技术推广模式、平台类/组织型技术推广运行模式和企业型技术推广模式三大推广模式为主线,依托环保产业园,融合科研机构和投资机构,发展大气污染防治技术推广"政产学研用融"模式。

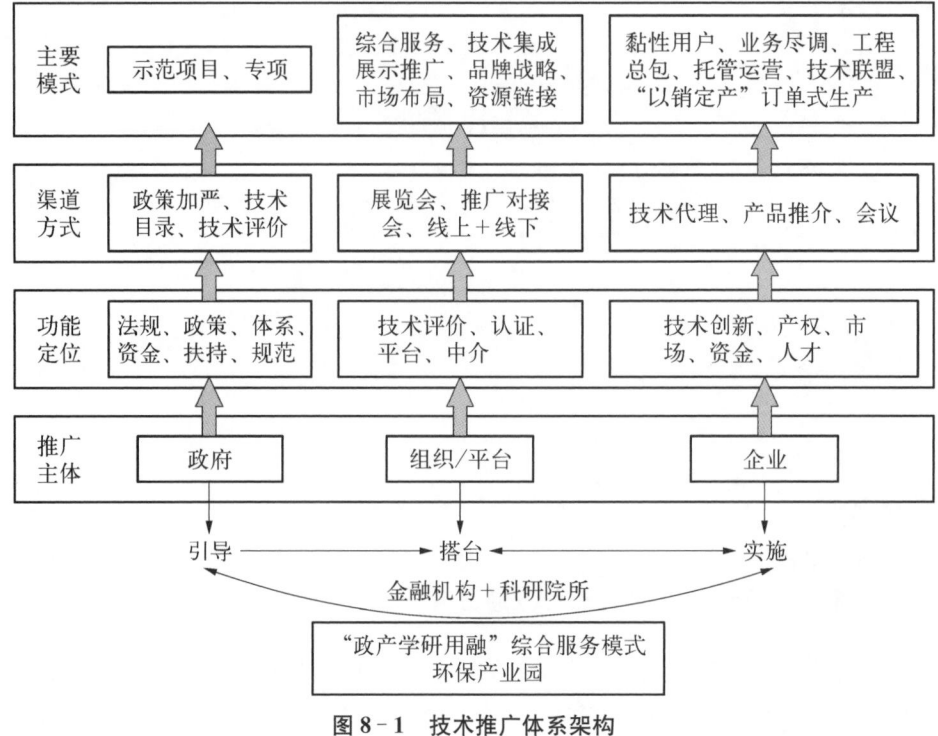

图 8-1 技术推广体系架构

8.2 建议

8.2.1 环保产业以发展综合环境服务为核心

根据我国环保行业的发展历程可以看出,由技术研发到应用,再到目前的环境服务业发展,我国环保技术已经具备一定水平和规模,但需要加快开拓环保服务业,推进国内环保产业发展。大气污染防治是一个系统工程,需要从源头削减、清洁生产和消费、末端治理等全过程控制到资源能源综合利用各个环节,涉及技术因素和技术以外的很多非技术性因素,单一的某个阶段的环境服务不能解决当下问题,更应该考虑以发展综合环境服务为核心的环保服务业。考虑从问诊到制定方案再到技术推广和技术转让、从融资服务到监督实施全过程服务的综合环境服务,以解决因后勤保障不到位而引起的烂尾、造成的资源浪费、环保效益差等问题。对于技术推广,应借鉴英国技术集团(BTG)的技术转移经验,进行技术评估(包括技术前景分析)、筛选、推广与市场化、专利转让、监督与保障、收益分配等一系列的全过程技术服务,不断识别和跟踪最优的商业化路线,使技术推广系统化、一体化和可操作化。

8.2.2 加强科技推广专业人才培养

环保不是造楼工程,环保是"治污染救环境",是改善环境,让环境健康发展,需要专业的人或专业的环保机构去实现环保绩效,构建专业团队,让专业的人做专业的事。可以捆绑大企业实现资源整合,但不能让其占环保主导,需设计以环境治理效果为主导的项目,注重考评环境治理或改善效果,并在项目中加大对综合人才的培养,加大专业人才资金奖励或股权持有量进而建立一支科技研发、成果推广、工程应用、产业开拓等人才互补的高水平人才队伍。加强专业人才培养可以结合项目实施进行,并通过资金奖励或股权持有量等方式,吸引优秀的专业人才。充分调动环保专业人才,一才多用,多才并用,做好政策与技术、技术与工程、工程与资金的链接,做好纽带和桥梁,做好问诊和指导。

8.2.3　通过重点实用技术评审和推广机制,完善和带动环保市场

一是借鉴美国采用的 BAT 模式,在充分调研污染源情况的前提下(包括技术工艺流程、设备情况、资金运转情况等)进行污染控制和经济效益分析,筛选出相应技术,并基于最佳可行技术建立环境标准。将达标技术作为技术推广的首要条件,并将达标技术与环境标准充分结合。二是加强源头控制的清洁生产技术的推广,如英国相关部门首先让公众认识到清洁生产是可持续生产的必要条件,进而健全清洁技术推广转让机制,并辅助资金支持,为清洁技术推广保驾护航,打通道路。我国也应该充分认识源头控制的必要性和紧迫性,加强清洁技术推广。目前我国需要源头控制＋清洁生产＋末端治理＋能源资源综合利用,因此需要将技术打捆,形成技术链,或者企业打捆,形成技术联盟。

8.2.4　制定技术指南,规范和培育市场

根据技术类型,按照政策、标准和污染现状,分阶段进行技术推广。制定细分行业的技术指南。技术类型包括:一合理可行技术,二最佳可行技术,三最低可达技术。同时双向推广并存,一是从上而下贯彻,即政府主导型推广模式,要科学,要有配套,疏导结合,精准界定技术的适合范围、行业、工艺;按细分行业,制定综合解决方案,细化,比如环保管家模式。二是从下而上疏通,即企业主导型推广模式,根据市场需求进行技术储备,企业问诊,比如产学研模式;制定技术黑名单,包括低价竞争扰乱市场的技术、效果差的技术、出现过重大事故的技术等。

8.2.5　推广第三方服务模式

日本以政府、大学和科研机构以及企业建立的第三方治理模式值得我们借鉴。我国也有类似的行业协会,其作为企业和政府直接沟通和协调的桥梁,具备较高的公信力。行业协会可以针对我国环保技术提供发布、展示平台,为企业提供技术、设备、市场信息等咨询服务,组织实施环境保护产业领域的产品认证、工程示范、技术评估与推广,以及组织合作交流活动,帮助企业引进资金、技术和设备。为减轻企业资金投入和风险,建议推广应用第三方服务模式,即企业承担部分治理资金,行业协会临时承担剩余资金,当企业达到

预定减排效果后,由政府将这部分治理资金返给行业协会。这不但降低了企业减排成本,提高了企业减排的积极性,有益于技术推广落地,而且第三方承担减排扶持工作和资金投入风险,减小了政府扶持的风险。根据技术实际应用及减排效果进行资金返补,最大化地提高了技术实际应用效果,避免因技术推广应用后效果不佳而造成资源浪费和不必要的成本投入。

8.2.6　建立或扶持技术推广中介机构

建立以技术为基础、以市场为导向的技术推广机制和由政府带动与指导、中介机构市场化运转的模式。通过政府带动建立技术推广中介机构,并设立自上而下到区县级的分支机构。目前我国还没有成熟的技术推广中介机构,包括技术推广平台或民间组织。可以借鉴英国BTG(British Technology Group)的发展经验,政府支持和带动是推广技术转移的重要力量,能够迅速扩大机构规模,增强资金实力。或者扩张现有技术推广机构的功能和影响力,通过赋予政府职能、授权,增加行业发展空间,并进行体制改革创新、产业链发展创新,实现技术市场化和商业化。也可以借鉴德国 STC(Science & Technology Consulting)的发展经验,政府对中小型企业或中介机构给予政策支持,如税收优惠、财政补贴、专项经费等扶持政策。同时以政府资金带动民间资本,引进国际国内专业技术人才,带动平台向专业化、技术性、商业化的方向快速发展。对于成熟的中介机构推动其私有化、市场化。建设国家环保技术推广服务体系示范,比如水体污染控制与治理科技重大专项管理办公室、水利部科技推广中心。

参 考 文 献

［1］中华人民共和国国民经济和社会发展第十三个五年规划纲要　第十篇　加快改善
　　　生态环境［J］.领导决策信息,2016(12)：40－46.

［2］王晨.为科技服务经济社会发展提供法律保障——全国人大常委会执法检查组关于
　　　检查《中华人民共和国促进科技成果转化法》实施情况的报告［J］.中国人大,
　　　2016(22)：8－12.

［3］张茜.袋式除尘器清灰方式的专利技术分析［J］.河南化工,2019,36(6)：9－11.

［4］刘兆香,王京,王树堂等.我国环保技术推广相关政策分析［J］.环境保护,2019,
　　　47(14)：42－46.

［5］李海生,孙启宏,高如泰等.基于40年改革开放历程的我国环境科技发展展望［J］.环
　　　境保护,2018,46(23)：7－11.

［6］毛书端.宁波区域大气本底站有意生产的与非故意产生的持久性有机污染物研究
　　　［D］.中国科学院大学(中国科学院广州地球化学研究所),2018.

［7］"十三五"国家战略性新兴产业发展规划［J］.中国战略新兴产业,2017(1)：57－81.

［8］林芸辉,蒋黎夏.浅谈环境应急监测仪器的综合运用［J］.广州化工,2017,45(2)：
　　　120－122.

［9］郑建祥,许帅,王京阳.超细颗粒聚团模型及湍流聚并器聚团研究［J］.中国电机工程
　　　学报,2016,36(16)：4389－4395.

［10］刘雪,孙笑非,李金惠.国际技术转移新趋势对中国环保产业"走出去"的启示［J］.中
　　　国人口·资源与环境,2016,26(S1)：66－69.

［11］冯贵霞.中国大气污染防治政策变迁的逻辑［D］.山东大学,2016.

［12］岳文飞.生态文明背景下中国环保产业发展机制研究［D］.吉林大学,2016.

［13］贺璇.大气污染防治政策有效执行的影响因素与作用机理研究［D］.华中科技大
　　　学,2016.

［14］朱延福,薛金奇.环保服务产业发展与财政直接投入驱动关系的实证研究——基于长
　　　三角数据［J］.华东经济管理,2015,29(11)：81－87.

[15] 刘思峰,杨英杰.灰色系统研究进展(2004～2014)[J].南京航空航天大学学报,2015,47(1):1-18.

[16] 孟岩,周航,刘沓.大数据时代环境管理会计发展探究[J].财会通讯,2015(7):5-7.

[17] 王怀栋,吴玉锋,左铁镛."互联网＋"时代中国WEEE回收行业的发展趋势[J].资源再生,2015(6):38-39.

[18] 李金龙.协同创新环境下的研究生联合培养机制改革研究[D].中国科学技术大学,2015.

[19] 张璟.气候变暖对我国典型城市居民超额死亡影响研究[D].复旦大学,2014.

[20] 张振宇.技术市场创新扩散与地区技术差距关系研究[D].西安电子科技大学,2014.

[21] 吕跃进,陈万翠,钟磊.层次分析法标度研究的若干问题[J].琼州学院学报,2013,20(5):1-6.

[22] 中国环境保护产业协会袋式除尘委员会.我国袋式除尘行业2012年发展综述[J].中国环保产业,2013(5):6-20.

[23] 郭庆.日本高校技术转移模式及其对中国的启示[D].湘潭大学,2013.

[24] 刘锐,詹志明,谢涛等.我国"智慧环保"的体系建设[J].环境保护与循环经济,2012(10):9-14.

[25] 董超文.公路交通能源外部性的生命周期评价[D].华南理工大学,2012.

[26] 梁睿.美国清洁空气法研究[D].中国海洋大学,2010.

[27] 龚莹.全球气候变暖条件下美国问题研究[D].吉林大学,2010.

[28] 朱方长.我国新型农业技术推广体系的制度设计[D].湖南农业大学,2009.

[29] 兰天.加拿大环保产业发展研究[D].吉林大学,2008.

[30] 宋国营.BAT与BOC模式的CO_2压缩制冷机组的比较与改进[J].烟草科技,2004(12):10-11.

[31] 毕凌岚.生态城市物质空间系统结构模式研究[D].重庆大学,2004.

[32] Kyle S. Herman, Jun Xiang. Induced Innovation in Clean Energy Technologies from Foreign Environmental Policy Stringency? [J]. Technological Forecasting and Social Change, 2019, 147.

[33] P Ladd, C Ibbott, G Janeschitz, et al. Design of the RTO/RC ITER primary pumping system[J]. Fusion Engineering and Design, 2000, 51-52: 237-242.